U0098272

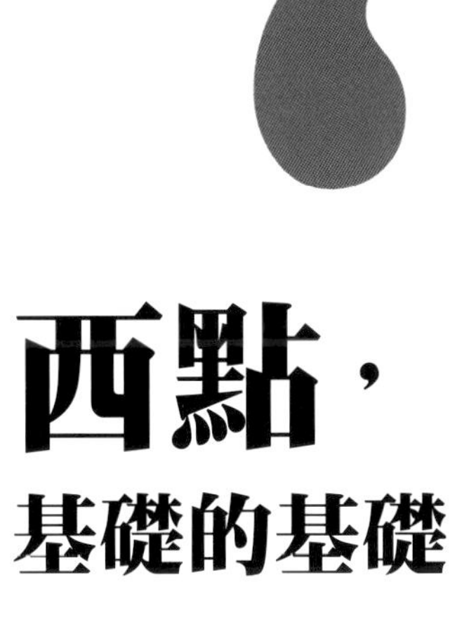

西點，基礎的基礎

60 個零失敗訣竅、
9 種實用麵糰、
12 種萬用醬料、
43 款經典配方

相原一吉 著

目錄

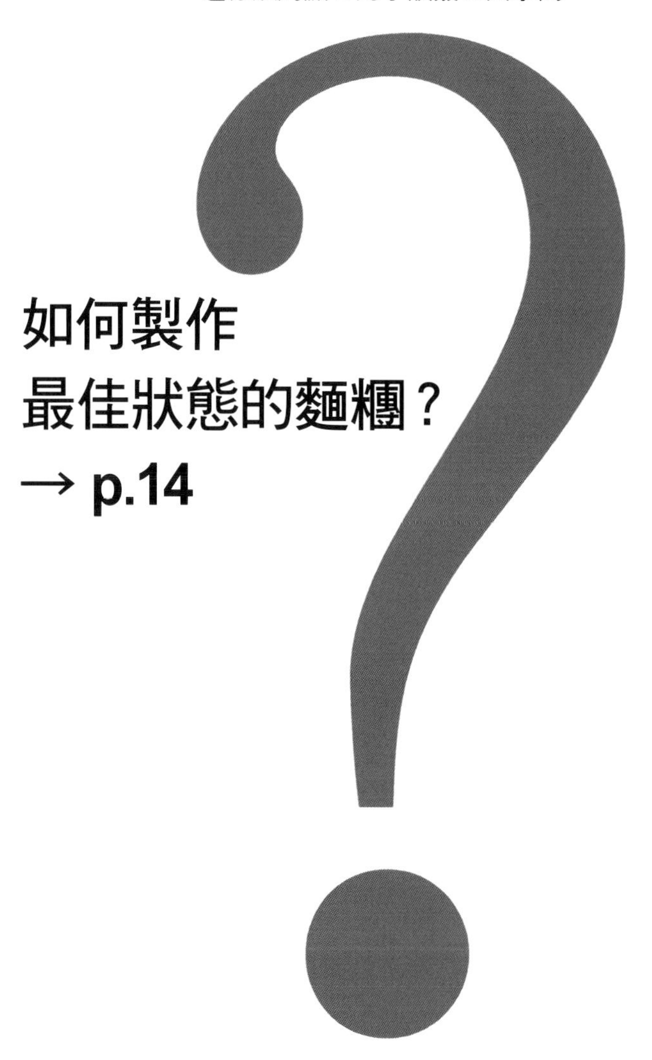

如何製作
最佳狀態的麵糰？
→ p.14

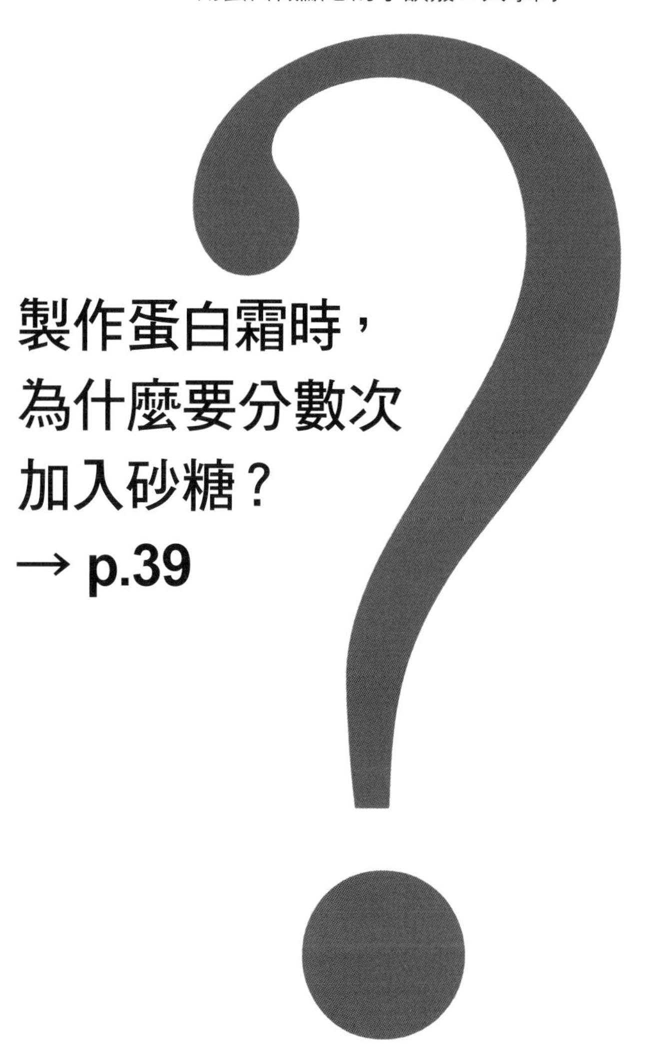

製作蛋白霜時，為什麼要分數次加入砂糖？

→ p.39

哪些工具可以幫助成功打發蛋白霜？→ p.39
棉花糖也是用蛋白霜做成的嗎？！→ p.43
可以用蛋白霜裝飾點心嗎？→ p.48
如何讓費南雪散發濃郁的香氣？→ p.55
我的舒芙蕾塌陷了怎麼辦？→ p.63

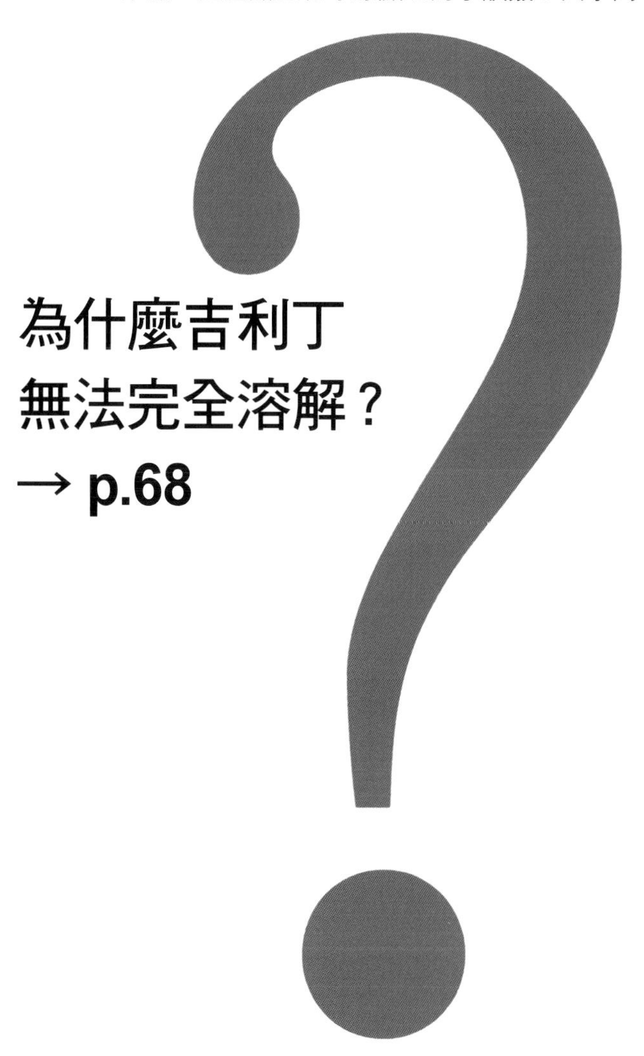

為什麼吉利丁無法完全溶解？

→ p.68

如何才能改變果凍的軟硬和甜度？→ p.68
芭芭露亞的基本做法有哪些？→ p.71
如何將芭芭露亞漂亮地脫膜？→ p.73
如何讓經典起司蛋糕更好吃？→ p.81

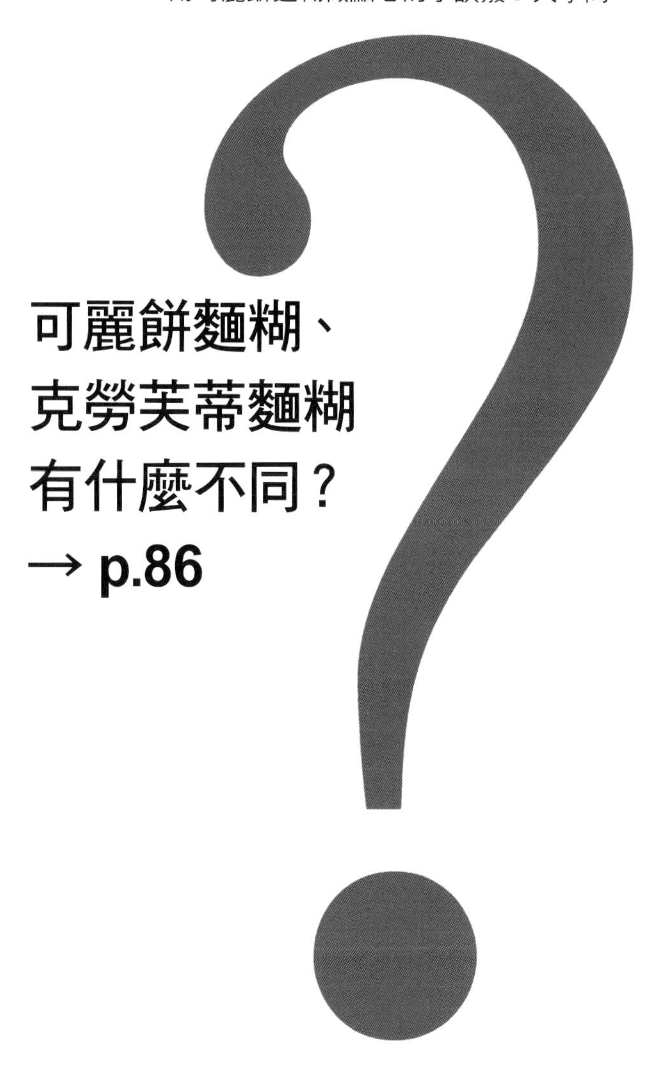

可麗餅麵糊、克勞芙蒂麵糊有什麼不同？

→ p.86

如何避免可麗餅麵糊有顆粒？→ p.86

如何製作滑順均勻的麵糊？→ p.88

好想做可麗露呀！可是沒有專用模型怎麼辦？→ p.90

迷你烘烤點心

在法式點心中，像sablé（音譯為沙布蕾，在法文中是指cookie、biscuit這類奶油酥餅）、瓦片餅乾（tuiles）、馬卡龍（macaron）和其他迷你派這類以烤箱烘烤而成的點心，都叫作「迷你烘烤點心（petits fours sec）」。這些種類的點心都很適合當作茶點，只要能掌握正確的做法，就能呈現出最佳口味。

接著，我要介紹一些最具代表性的奶油酥餅變化款點心，像貓舌頭餅乾（langue de chat）、西班牙杏仁餅乾（polvorones，也有人叫它雪球、波波涅）、蘇打餅乾（cracker）和瓦片餅乾（tuiles）等。至於馬卡龍，則放在「用蛋白製作美味點心」那一章中再做說明。

第一步，從奶油酥餅開始

說到奶油酥餅（sablé，音譯為沙布蕾），如同它源自法文中sabel（沙子）字面的意思，最大的特色就是鬆散酥脆的口感。它的基本麵糰的做法，是將砂糖、雞蛋和麵粉加入在室溫回軟的奶油中攪拌混合，也就是「甜塔皮（pâte sucrée）」製作法。

甜塔皮除了常用來當作塔皮麵糰，如果直接用模型按壓出形狀拿去烘烤，就成了造型餅乾。此外，還有將麵糰放入擠花袋中擠出形狀，經過烘烤而成的擠花奶油酥餅、冰箱小西餅，甚至是雪球等等，可以活用在很多款點心上面。所以，學會了製作甜塔皮，真的是受用無窮。接下來，就來一起學習最正確的做法吧！

如何製作最基本的奶油酥餅麵糰？

「甜塔皮麵糰的做法，就是最基本的奶油酥餅麵糰」

最基本的造型奶油酥餅（盤內最上方圓形和扇型餅乾），做法參照 p.14
可可奶油酥餅（彎月形和葉子形），做法參照 p.18
味噌奶油酥餅（菱形），做法參照 p.18
淡奶奶油酥餅（盤內下方菊花形餅乾），做法參照 p.19
燕麥奶油酥餅（盤內最下方圓形餅乾），做法參照 p.19

基本的造型奶油酥餅

甜塔皮的製作方法

甜塔皮配方中因為水分較少，麵糰口感比較鬆散酥脆。這些鬆散的粉類揉搓成糰後，接下來不論是擀壓、推壓，或是壓模型都比較困難。所以，將麵糰完全混拌、推壓成質地均勻狀態，就是甜塔皮成功的關鍵。

材料（成品約 400 克，直徑 5 公分的菊花形餅乾，約 35 片份量）
無鹽奶油 100 克
鹽 1 小撮
糖粉 80 克
蛋黃 1 顆份量
低筋麵粉 200 克

◆預備動作

・奶油放在室溫下回軟。

如何製作最佳狀態的麵糰？

「整合成一個質地光滑具黏性的麵糰」

將奶油拌成乳霜狀

1. 操作前，先將奶油拌成照片中的鬆軟狀態。

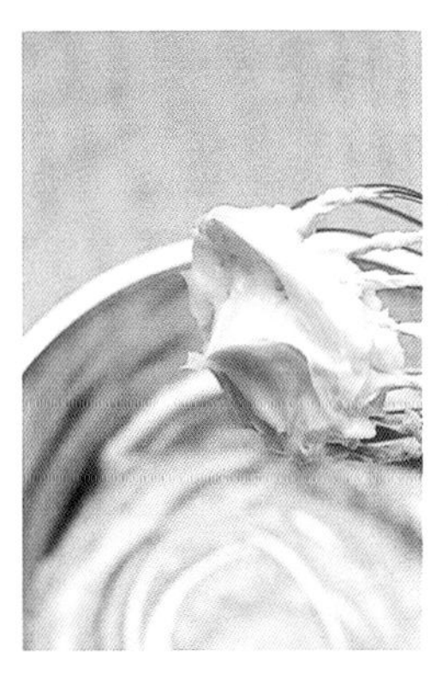

2. 做法 **1.** 的軟化奶油放入容器中，加入鹽，以打蛋器攪拌成乳霜狀，直到以打蛋器勾起奶油，奶油尖端呈一柔軟的三角尖狀。

糖粉分成3次、蛋黃1次加入

3. 將糖粉分成 3 次加入。

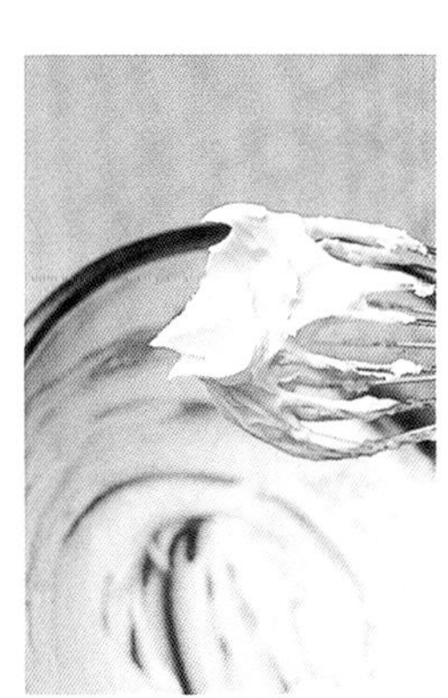

4. 每次加入糖粉時，都要一邊充分拌入空氣，一邊仔細攪拌。這個步驟一定要充分攪拌。

＊想要完成口感鬆脆的甜塔皮，在這個步驟中拌入足夠的空氣非常重要。

5. 加入蛋黃仔細攪拌。

先用打蛋器混合麵粉

6. 取 1/3 量的麵粉過篩後加入，以打蛋器攪拌至完全看不到麵粉的程度。

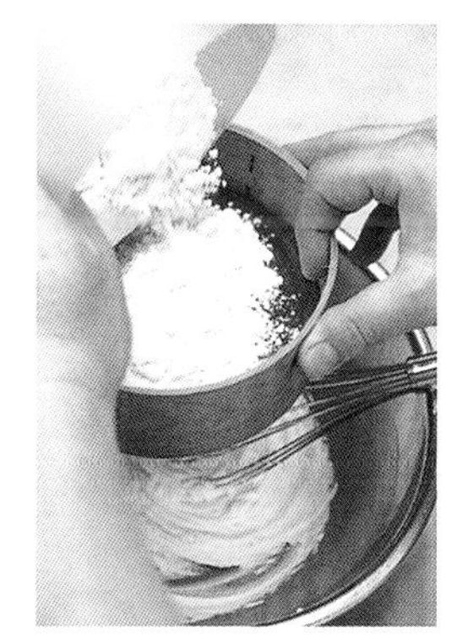

7. 以打蛋器拌成照片中的狀態即可。

＊在這個階段如果麵粉沒有拌勻的話，接下來加入剩餘的麵粉時會更難拌合，麵糰會變成一顆顆鬆散顆粒。

剩餘的麵粉用刮刀混合，最後再用手按壓。

8. 接下來要改用刮刀混合，所以不使用打蛋器了。別忘了要小心剝下黏在打蛋器上的麵糰。

9. 剩餘的麵粉過篩後加入，刮刀以切拌（刮）的方式混合全部麵糰。

10. 完全看不到麵粉時，以手輕輕抓拌成麵糰。

11. 整合成一質地光滑細緻、有點濕潤的麵糰。

＊在這個步驟裡如果無法整合成一個麵糰，接下來做擀開、按壓模型動作時會比較困難。

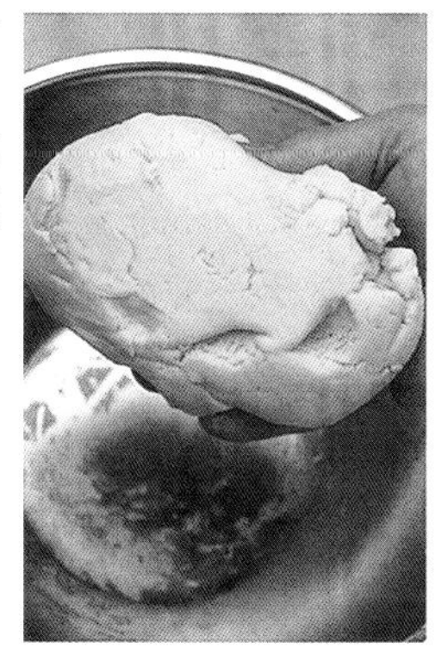

讓麵糰鬆弛一晚

12. 將麵糰放入塑膠袋中，用手從上而下輕輕將麵糰壓平，放入冰箱的冷藏室鬆弛一晚。

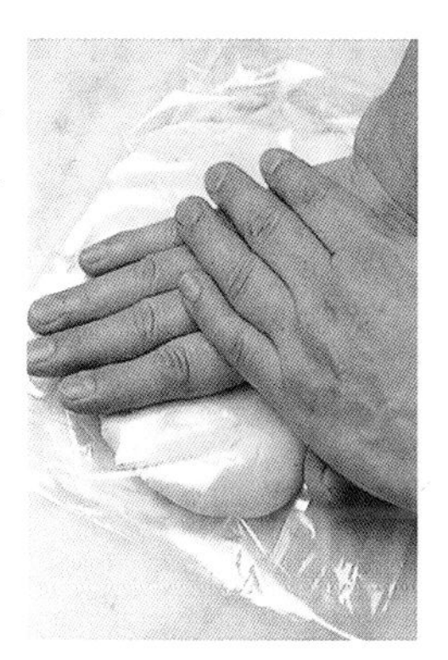

擀開麵糰和按壓模型的方法

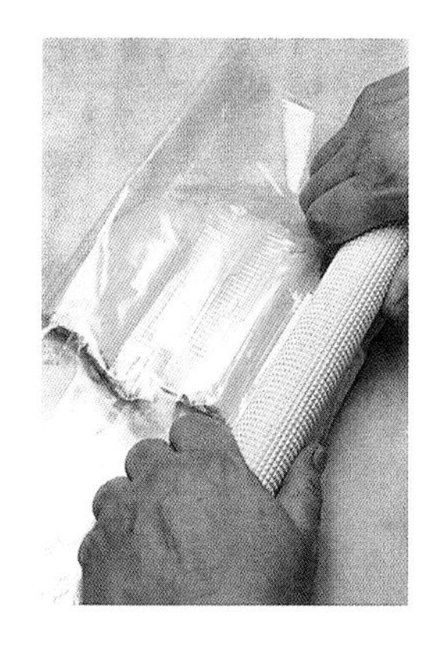

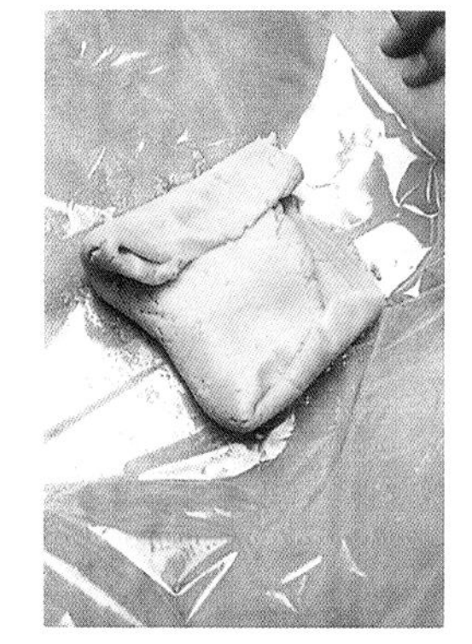

◆預備動作

・從冰箱中取出麵糰，塑膠袋不用剝開，整個放在室溫中使麵糰稍微變軟。

・將塑膠袋剪開攤平成一片。為了方便操作，可先取 1/2 量的麵糰使用，剩餘的麵糰則放入另一個塑膠袋中，放回冰箱冷藏備用。

・準備烤盤（參照 p.94）。

・將烤箱以 170 ～ 180 ℃ 預熱。

將割開的塑膠片拉回包在麵糰上，擀成 0.4 ～ 0.5 公分厚

1. 將剪開的塑膠片拉回包在麵糰上，以擀麵棍從上往下施力，將麵糰壓平。

2. 麵糰稍微壓平後，將邊緣的麵糰往內折，再以擀麵棍壓一下，這樣可使整片麵糰壓成均勻統一的厚度。

3. 轉動擀麵棍，擀成 0.4 ～ 0.5 公分厚。以塑膠片包好麵糰四邊再擀，這樣可以讓麵糰擀得更平均。

4. 麵糰擀平成照片中的狀態。

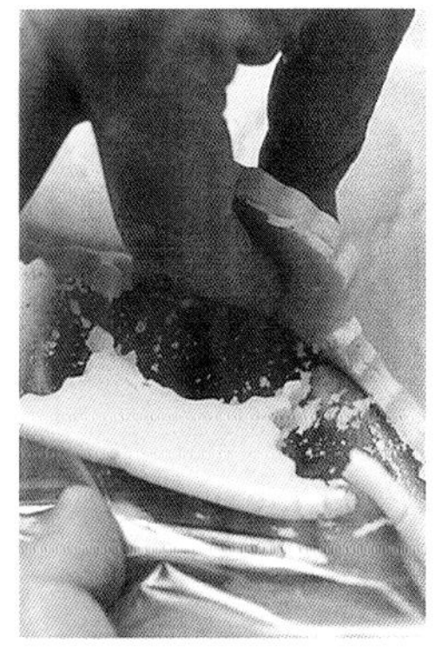

按壓模型

5. 將麵糰上方的塑膠片打開，取直徑 5 公分的菊花模型壓在麵糰上。記得從麵糰的邊緣開始按壓，以免多出許多小塊麵糰，造成浪費。

6. 手指從塑膠片的下方頂起，另一手將麵糰輕輕往上拿起，取適當的距離，交互排列在烤盤上。

以切掉尖端的竹籤戳入透氣孔

7. 準備好竹籤（尖端要切掉），以竹籤戳入每一塊麵糰，戳的時候要深刺到烤盤表面，在麵糰表面形成一個個透氣孔。

＊如果是用尖頭竹籤戳麵糰，戳好的透氣孔太小，烘烤時會自動密合起來。

放入烤箱烘烤

8. 放入 170 ～ 180℃的烤箱中，烤 20 ～ 25 分鐘，邊觀察上色狀況邊烘烤。烤好以後，移到網架上放涼。

製作奶油酥餅不可不知的重點

下面要說明的是奶油酥餅的製作重點。不管是奶油酥餅變化款點心、放入擠花袋中擠出，經過烘烤而成的擠花奶油酥餅，還是冰箱小西餅等都適用，所以，一定要瞭解後熟記下來。

●為什麼要使用糖粉？
要製作甜塔皮，糖粉是最佳的糖類材料。這是因為糖粉容易與奶油混合，做成表面光滑的麵糰的緣故。如果使用細砂糖，吃起來會沙沙的；使用特細砂糖，有點像咬碎硬物時的口感；如果用的是二砂糖，那又是不同的風味。

●為什麼要加入鹽？
加入的鹽只有 1 小撮，所以不會真的嘗到鹽的鹹味，加入少許鹽的目的只是為了提味而已。如果不想直接加入鹽，也可以依個人喜好，以含鹽奶油取代配方中最多 1/2 量的無鹽奶油。

●為什麼要讓麵糰鬆弛？
麵糰配方中如果水分較少，不經過鬆弛就直接烘烤，烤好以後口感會粉粉的，甚至嘗到顆粒。將麵糰放入冰箱冷藏室鬆弛一晚，讓麵糰有點黏性，狀態更加穩定。

●為什麼麵糰要包上塑膠片再擀開？
使用塑膠片操作的話，不僅可防止麵糰黏住，而且不需撒上手粉操作，麵糰就不會粉粉的。還有，如果擀開途中麵糰變軟很難繼續操作時，直接包好塑膠片放回冰箱冷藏就可以了。建議使用較厚的塑膠片（台灣如果買不到塑膠片，可以用塑膠袋、保鮮膜替代，但效果沒有塑膠片佳）。

●明明按照食譜寫的時間烘烤，但為什麼還是烤得不漂亮？
時間只是一個標準而已。奶油酥餅較薄，容易烤焦，建議烘烤時邊觀察上色狀況邊判斷。如果反面馬上就烤焦，可以嘗試放 2 張烤盤重疊來烤。但如果是顏色烤得不均勻，可在烘烤途中將烤盤換個方向，再一邊觀察一邊繼續烘烤。

●一定要使用奶油嗎？
甜塔皮的配方中，油脂佔了極大的比例，可以說，你選用的油脂將完全左右塔皮的風味。建議使用風味佳的奶油，不要使用酥油或人造奶油。

●如何讓奶油快一點軟化？
如果是在冬天，即使從冷藏室中取出奶油放在室溫下，奶油也很難變軟。想要讓奶油在短時間變軟的話，微波加熱是最快的方法。不過，以微波爐加熱的話，因為奶油塊會從中間開始變軟，幾秒鐘後，要用刮刀稍微拌一下，確認奶油的硬度。奶油需軟化到 p.14 做法 1. 照片中的狀態。
如果奶油太軟，會導致油水分離，絕對不可以拿來製作甜塔皮。另外，如果是在夏天操作，奶油軟化的速度快，更要注意室溫。

●如何判斷奶油已經攪拌成乳霜狀了？
以打蛋器攪拌，直到以打蛋器勾起奶油，奶油尖端呈一柔軟的三角尖狀，就可以進行接下來的步驟了。

●為什麼剛開始要用打蛋器混合麵粉？
因為打蛋器比刮刀容易攪拌，所以一開始加入 1/3 量的麵粉時，使用打蛋器攪拌比較好。之後加入的剩餘麵粉份量較多，比較難用打蛋器混合，所以改用刮刀攪拌。

●可以用全蛋取代蛋黃嗎？
以蛋黃製作，完成的塔皮會兼具濃郁的美味和豐富口感。如果以全蛋取代蛋黃，口感層次和濃郁的味道會略微降低。使用全蛋的話，可加入和 1 顆蛋黃相同份量，也就是 17 ～ 18 克的全蛋。

造型奶油酥餅的變化款點心

就算只是把基本配方中的蛋黃改成全蛋、糖粉改成細砂糖或二砂糖，也能充分體驗製作變化款點心的樂趣喔！

接下來要介紹4種口感、風味大不相同的奶油酥餅的做法（成品照片可參照p.13）！

■可可奶油酥餅（以可可粉取代部分的麵粉）

這裡是以可可粉取代20%的麵粉，使風味更加明顯、突出，但如果你喜歡溫和的口味，可將可可粉的量減少至15%。

A

B

材料（直徑6公分的菊花形、葉子形、彎月形，總共約50片份量）
無鹽奶油100克
鹽1小撮
糖粉100克
蛋黃1顆份量
低筋麵粉160克
可可粉40克

1. 可可粉的顆粒較細，而且容易結成塊，所以需先以細目篩網一邊過篩，一邊量取材料中的份量（照片**A**）。
2. 將做法**1.**的可可粉和低筋麵粉一起放入容器中，以打蛋器充分混合拌勻，再以篩網過篩。參照p.14製作甜塔皮麵糰，並且讓麵糰鬆弛。
3. 同樣將麵糰擀開，以模型按壓麵糰。這裡是利用1個菊花模型，重疊按壓出葉子形和彎月形（照片**B**）。將麵糰放入烤箱，以170～180℃烘烤約20分鐘。可可麵糰的顏色比較難辨別是否已經烤好，所以一定要特別留意烘烤的狀況，避免烤焦。

■味噌奶油酥餅（用全蛋代替蛋黃）

這款點心是加入了味道濃郁的八丁味噌做成的奶油酥餅！為了搭配風味樸實的味噌，糖的部分改用二砂糖、麵粉改成全麥麵粉、蛋則使用全蛋。八丁味噌和全蛋不易混合，需將全蛋打成蛋液後再加入。

A

B

材料（每邊4公分的菱形，約35片份量）
無鹽奶油80克
二砂糖70克
八丁味噌20克
全蛋25克
炒熟白芝麻20克
粗粒全麥麵粉200克

1. 參照p.14甜塔皮的做法將奶油拌成乳霜狀，分3次加入二砂糖充分攪拌。
2. 將味噌倒入小容器中，一點點加入拌勻的蛋液，以刮刀拌合（照片**A**）。分2次倒回做法**1.**中，攪拌均勻。（照片**B**）
3. 用手指捻起壓碎白芝麻後加入，然後再加入1/3量的全麥麵粉，以打蛋器攪拌至完全看不到麵粉的程度。
4. 加入剩餘的全麥麵粉，換用刮刀仔拌勻。參照p.14的做法，讓麵糰鬆弛一晚，再以模型按壓出菱形，放入170～180℃的烤箱中，烘烤約20分鐘。
＊ 因為使用的是粗粒全麥麵粉，可以不用特意過篩。但如果用的是極細顆粒的全麥麵粉，仍需要過篩。
＊ 配方中的味噌，建議選用和奶油非常搭配的八丁味噌，信州味噌的味道較淡，和奶油的風味比較不合。

淡奶奶油酥餅（以淡奶取代蛋黃）

這裡是以淡奶（evaporated milk，又叫奶水）取代蛋黃，成品的口感偏向較硬的牛奶餅乾（類似日本的 marie biscuit 餅乾）。這種麵糰因為沒有加入蛋黃，奶油量也很少，所以比較硬，建議加入少許泡打粉。

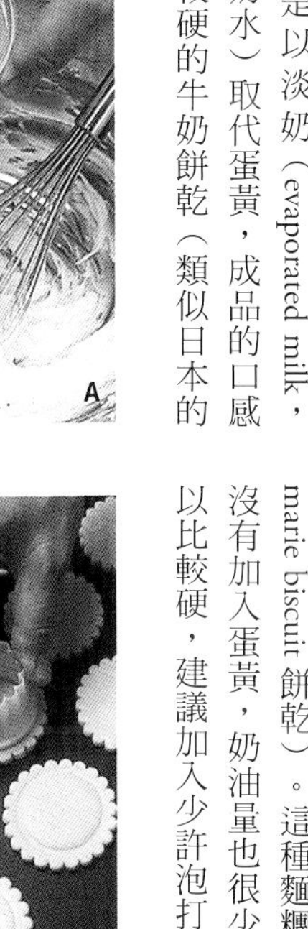

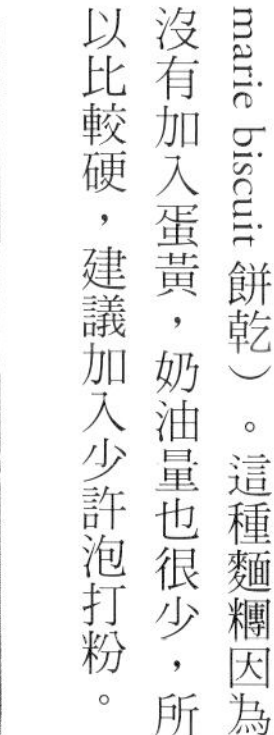

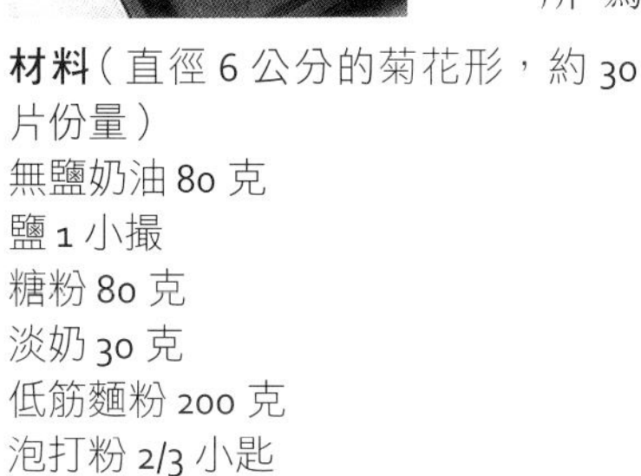

材料（直徑 6 公分的菊花形，約 30 片份量）
無鹽奶油 80 克
鹽 1 小撮
糖粉 80 克
淡奶 30 克
低筋麵粉 200 克
泡打粉 2/3 小匙

1. 將 p.14 甜塔皮配方中的蛋黃改成淡奶來製作。因為淡奶是水分，操作時一點一點加入比較好（照片 **A**）。
2. 麵粉和泡打粉先倒入容器中混合，過篩一次，然後再篩入做法 **1.** 中。
3. 麵糰靜置一晚，取出壓成比基本麵糰薄一點，擀成約 0.3 公分的厚度。先以菊花模型壓好麵糰，再以小一點的菊花模型另一面壓出圓的凹槽，然後將麵糰放入烤箱，以 170 ～ 180℃烤約 20 分鐘（照片 **B**）。烤好的餅乾色澤偏白、較淡。

燕麥奶油酥餅（以全蛋取代蛋黃）

這是一款加入了燕麥和核桃，口感天然、咀嚼時會散發出香味的奶油酥餅。配方中改用全蛋取代蛋黃，以燕麥取代1/3量的麵粉。為了讓燕麥散發出樸實的香氣，可以先乾炒過再使用。另外，因為加入了核桃，麵糰按壓模型會更困難，建議將麵糰切割成數等分，以手搓揉成圓球再壓扁即可。

材料（直徑約 3 公分的圓片，約 35 片份量）
無鹽奶油 100 克
鹽 1 小撮
二砂糖 80 克
全蛋（小的）1 顆
低筋麵粉 150 克
燕麥 50 克
核桃 50 克

1. 將燕麥放入鍋中乾炒至散發出香氣，放冷備用（照片 **A**）。核桃切成粗丁。
2. 和 p.14 甜塔皮一樣，在奶油中加入鹽，攪拌成霜狀，二砂糖分成 3 次加入，這時要充分地攪拌，然後一點一點地加入攪散的蛋液（照片 **B**）。這裡和蛋黃不同，如果將蛋液一次全加入的話，會導致油水分離，所以要特別注意。
3. 加入麵粉、燕麥和核桃，以木匙攪拌混合。
4. 攪拌至成糰後放入塑膠袋中，放進冰箱，麵糰需冷藏至容易操作的硬度。
4. 將麵糰分成每個約 15 克的小麵糰，以手搓揉成圓球，排放在烤盤上，再以手指輕輕按壓麵糰表面，使成一個扁圓形（照片 **C**）。將麵糰放入烤箱，以 170 ～ 180℃烤約 20 ～ 25 分鐘。

擠花奶油酥餅和冰箱小西餅

接下來要介紹的，是將麵糰裝入擠花袋中，擠出造型做成的擠花奶油酥餅，以及將麵糰整成長條狀，放入冰箱冷藏冰硬後做成的冰箱小西餅（ice box cookies，也可以叫作冰箱餅乾）。

這兩種餅乾的基本做法都和甜塔皮相同，只不過配方有點不一樣。以擠花奶油酥餅來說，為了讓麵糰比較好擠，所以配方中的奶油或蛋黃會比粉類多。而冰箱小西餅的話，只要將擠花奶油酥餅配方中的蛋黃份量減少1顆就可以了。

擠花奶油酥餅，中間可夾入甘那許（ganache）或果醬。做法參照 p.22。

左／原味冰箱小西餅，做法參照 p.24。
右／杏仁可可冰箱小西餅，做法參照 p.25。

擠花奶油酥餅

製作擠花奶油酥餅最重要的，是當加入麵粉後的麵糰混合到看不到麵粉時，就要趕快放入擠花袋中將麵糰擠出。因為過了一段時間，麵粉就會產生筋性（黏性），想要從擠花嘴中將麵糰擠出，就有相當的難度了，而且擠出來的麵糰形狀也會不漂亮。所以，可以先準備好擠花嘴、擠花袋和烤盤，只要麵糰一混拌好，就立刻開始擠出形狀。如果烤盤太小不夠放全部的麵糰，可以先擠在烤盤紙、烤焙墊上。

接下來要製作的，是以同樣的擠花嘴擠出圓形和長條狀的餅乾，然後在每2片餅乾之間夾入甘那許或果醬當作夾餡。

材料（約 35 片份量）
無鹽奶油 120 克
鹽 1 小撮
糖粉 60 克
蛋黃 2 顆份量
檸檬皮屑 1/2 顆份量
檸檬汁 2 小匙
低筋麵粉 180 克
甘那許
- 鮮奶油 30 毫升
- 甜味調溫巧克力（couverture sweet chocolate 參照 p.95）60 克

覆盆子果醬適量

◆預備動作
- 奶油放在室溫下回軟。
- 準備好烤盤。（參照 p.94）
- 將直徑 1.3 公分的星形擠花嘴裝入擠花袋中。
- 烤箱預熱至 170 ～ 180℃。

製作麵糊

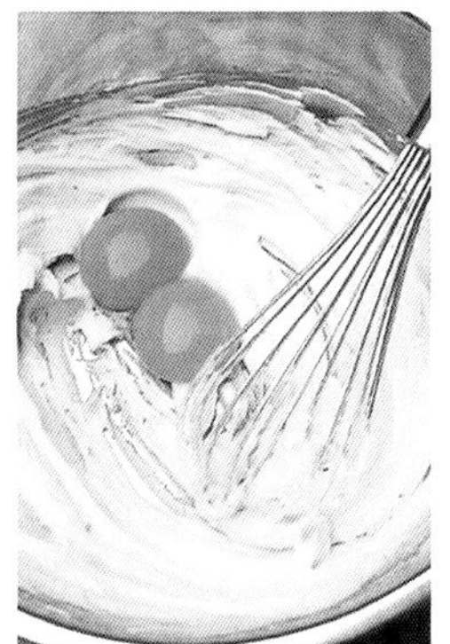

1. 基本做法和 p.14 甜塔皮的做法一樣。將鹽加入已經回軟的奶油中，拌成乳霜狀，然後將糖粉分 2 ～ 3 次加入，以打蛋器拌入空氣充分地攪拌。加入所有的蛋黃，仔細混合均勻。

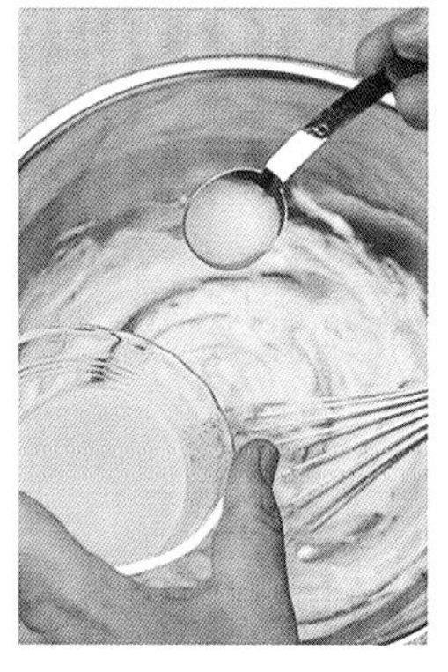

2. 加入檸檬皮屑和檸檬汁，攪拌混合。

3. 取 1/3 量的麵粉過篩後加入，以打蛋器攪拌混合。

4. 剩餘的麵粉過篩後加入，接下來要改用刮刀混合，所以不使用打蛋器了。刮刀以切拌（刮）的方式混合。

如何擠出形狀漂亮的餅乾麵糰？

「麵糰攪拌完成後，趁麵粉還沒有產生筋性，趕緊擠出形狀」

使用擠花袋有哪些訣竅？

把麵糰倒入擠花袋時，要將擠花袋往下折好，盡可能將麵糰推往擠花嘴方向。因為手的溫度會使麵糰軟化，所以每次只要先裝入 1/2 量的麵糰就好。

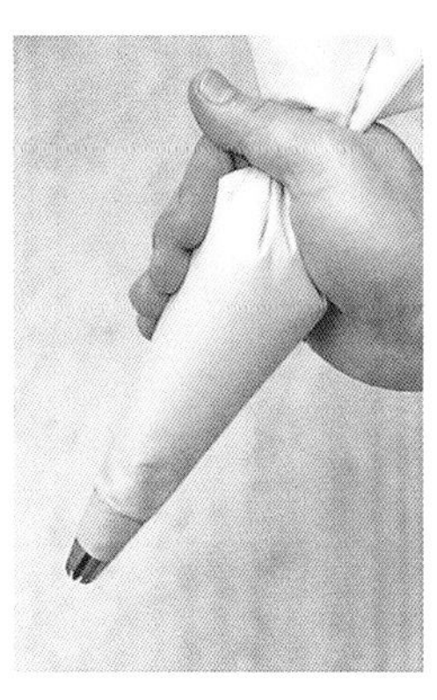

從上將擠花袋口確實旋轉扭緊，但要注意避免麵糰溢出來，手要像照片上那樣拿緊。

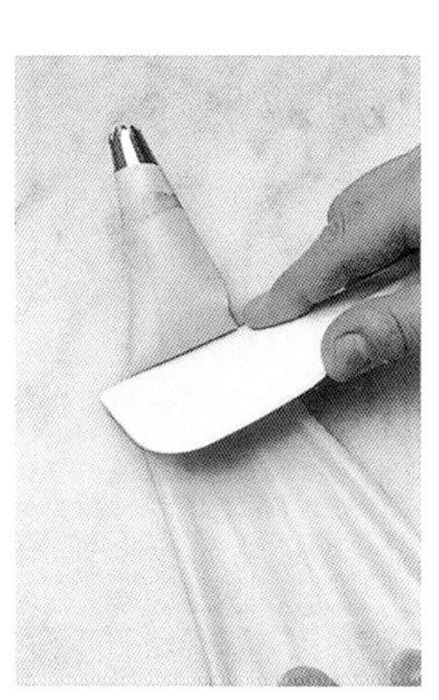

如果麵糰剩餘量少時，可用刮刀將麵糰往前推往擠花嘴方向，這樣就能利用到所有的麵糰，避免浪費。

擠出麵糰後烘烤

5. 拌至麵糰完全看不到麵粉時，立刻將麵糰倒入擠花袋中，準備擠出圓形和長條狀。圓形是以畫「の」的形狀擠出麵糊。

＊想要擠出形狀漂亮的麵糰，絕對不可忽視收尾的動作。當每一個餅乾麵糰快要擠好時，要迅速停止施力，將擠花嘴往橫傾斜移開。如果施力直接往上提的話，會形成如針尖般的尖銳角。

6. 製作長條狀餅乾時，將麵糰往橫擠出約 5 公分的長度，迅速停止施力，擠花嘴像要往起頭的方向拉回（動作類似用毛筆字寫「一」這個字的時候）。將麵糰放入烤箱，以 170 ～ 180℃烤約 20 分鐘，取出餅乾放在網架上放涼。

加入甘那許或果醬當作夾餡

7. 依個人的喜好，加入甘那許或果醬當作夾餡。參照下方的做法完成甘那許，等甘那許變涼且達到可以擠出的硬度（濃稠）時，倒入裝了小圓孔擠花嘴的擠花袋中，分別擠在每一個餅乾的背面。等甘那許快凝固變硬時，將兩片餅乾黏在一起。果醬煮好之後，也以相同的方法組合餅乾。

＊甘那許 DIY

將鮮奶油倒入不鏽鋼製的小容器中，以小火加熱，邊以小型打蛋器攪拌以免煮焦，煮到滾。將容器從爐火上移開，然後加入切碎的巧克力，拌至巧克力碎融化。

冰箱小西餅

製作冰箱小西餅時，除了材料比擠花奶油酥餅少1顆蛋黃，麵糰做法則相同。這種小西餅是將麵糰整型成長條狀，放入冰箱中冷藏冰硬，再取出操作，並不是混拌好麵糰就立刻進行下一個動作。也就是說，成敗的關鍵在於將麵糰冷藏至易操作的結實硬度。將麵糰整型成長條狀時，為了避免麵糰中有小氣孔，要將麵糰內的空氣完全壓出。如果操作過程中麵糰軟化了，必須再放回冰箱中冷藏冰硬。

原味餅乾是在圓柱型的原味麵糰表面，撒滿特細砂糖後再烘烤。此外，也可以在可可口味的麵糰裡面加入杏仁粒，再整型成方形麵糰。

■原味冰箱小西餅

材料（約 35 片份量）
無鹽奶油 120 克
鹽 1 小撮
糖粉 60 克
蛋黃 1 顆份量
檸檬皮屑 1/2 顆份量
檸檬汁 2 小匙
低筋麵粉 180 克
裝飾用特細白糖適量

◆預備動作

・ 奶油放在室溫下回軟。

製作麵糰並且整型

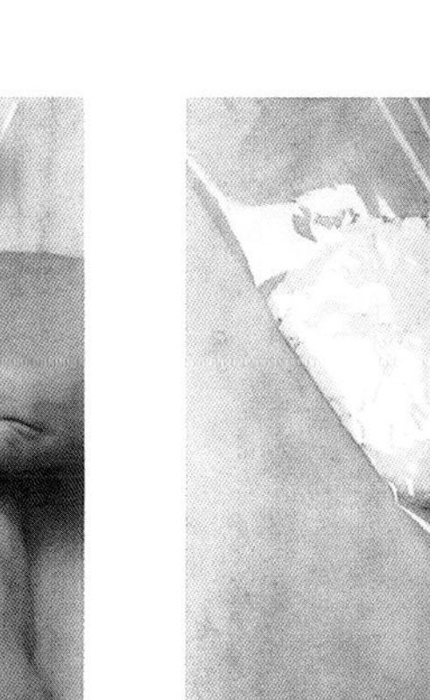

1. 參照 p.22 製作「擠花奶油酥餅」的麵糰，將剖開的塑膠片拉回包在麵糰上，盡量壓出麵糰裡面的空氣，然後將麵糰放入冰箱冷藏一下。

2. 等麵糰冰成容易操作的硬度，分成 2 等分，剛開始隔著塑膠袋，以手先將麵糰稍微整成照片中的形狀就可以了。

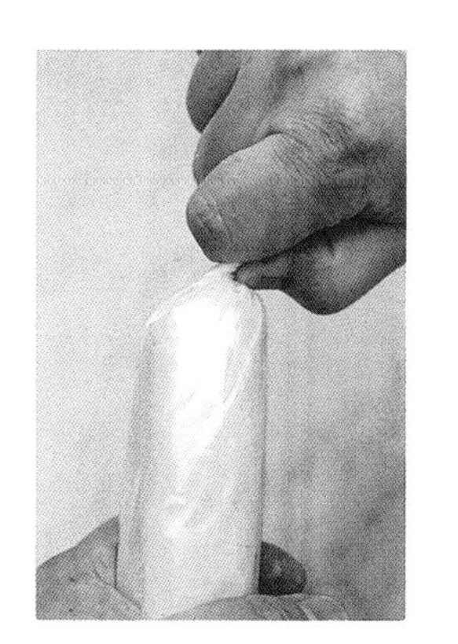

3. 扭捲塑膠袋，將麵糰整型成直徑 3 公分的圓柱狀。像製作香腸般先將兩端的塑膠袋扭緊，然後往兩端拉直。

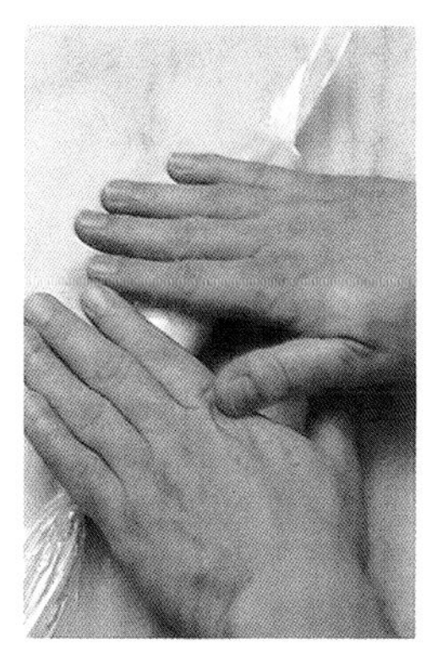

4. 麵糰放到工作枱上轉動，繼續整型。在操作過程中如果麵糰變軟，要趕緊放回冰箱冷藏冰硬。整型完成後，再將麵糰放入冰箱充分地冰硬。

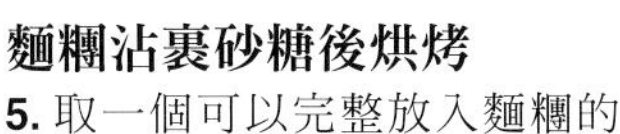

麵糰沾裹砂糖後烘烤

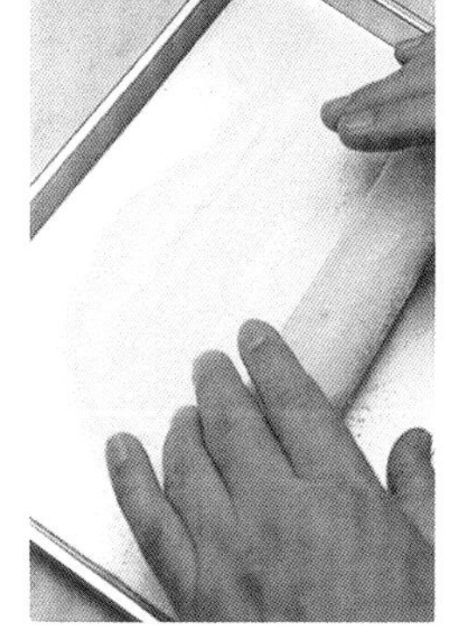

5. 取一個可以完整放入麵糰的淺平盤，在平盤內均勻撒入特細砂糖，然後放入麵糰，滾動麵糰使整個麵糰都能均勻沾裹到特細砂糖。

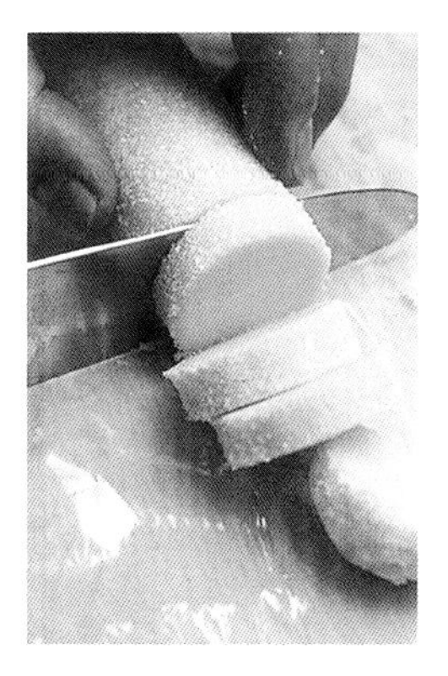

6. 將麵糰切成每片 0.6 ～ 0.7 公分厚，排放在烤盤上，放入烤箱，以 170 ～ 180℃烘烤約 20 分鐘，取出餅乾放在網架上放涼。

■杏仁可可冰箱小西餅

材料（約 35 片份量）
無鹽奶油 120 克
鹽 1 小撮
糖粉 80 克
蛋黃 1 顆份量
低筋麵粉 150 克
可可粉 30 克
整顆帶皮的杏仁 150 克

◆預備動作
・ 將杏仁放入烤箱，以 100 ～ 120℃稍微烤一下，注意避免烤焦，取出放涼備用。
・ 可可粉先過篩再稱取份量，然後和低筋麵粉混合後再過篩一次。
・ 奶油放在室溫下回軟。

1. 參照 p.24「原味冰箱小西餅」製作麵糰，但這裡是以低筋麵粉加上可可粉，取代完全用低筋麵粉製作的麵糰。攪拌至完全看不到粉粒，加入杏仁，混合均勻。

2. 將麵糰整型成右邊照片的樣子。剛開始隔著塑膠袋，先以手將麵糰稍微整成長方形，再整型成較工整的長方形。在操作過程中如果麵糰變軟，要趕緊放回冰箱冷藏冰硬。

3. 最後以砧板邊緣貼平麵糰，整型成約 2×4 公分、整齊的長方形。當然，如果沒有適合的容器，也可以將麵糰裝入容器中，貼緊容器的邊緣和角落，做成工整的長方形。

4. 將麵糰冷藏冰硬，取出切成每片 0.6 ～ 0.7 公分厚。

5. 將麵糰排放在烤盤上，放入烤箱，以 170 ～ 180℃烘烤約 20 分鐘。可可麵糰的顏色比較難辨別是否已經烤好，一定要特別留意烘烤的狀況，避免烤焦。最後取出餅乾放在網架上放涼。

如何讓麵糰形狀工整？
「將麵糰冷藏至適合操作的硬度，趕緊完成整型」

貓舌頭餅乾

這種奶油酥餅因為外形呈圓薄的細長條狀，所以叫作貓舌頭餅乾（langue de chat）。它最特別的地方在於餅乾較薄，而且烘烤後餅乾中間偏白色。製作上，從奶油放在室溫下回軟到加入砂糖，可以參照甜塔皮的做法。將麵糊擠在烤盤上以後，從烤盤的底部用力敲一下麵糊，這樣可以讓麵糊變得較薄且面積擴散（變大）。烘烤的時候，一開始用低溫，等麵糊鬆軟、變薄且擴散時，再以較高的溫度烘烤。

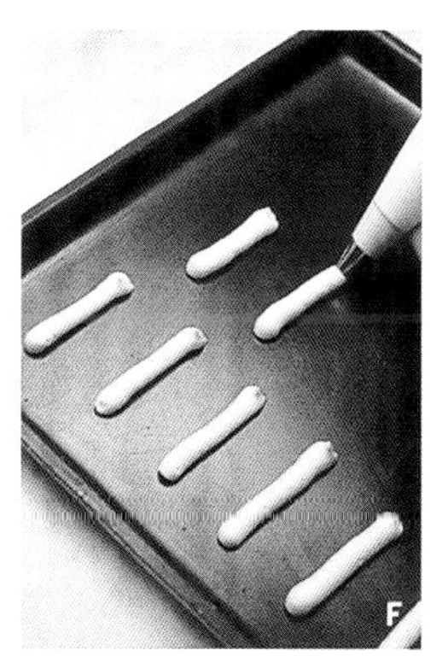

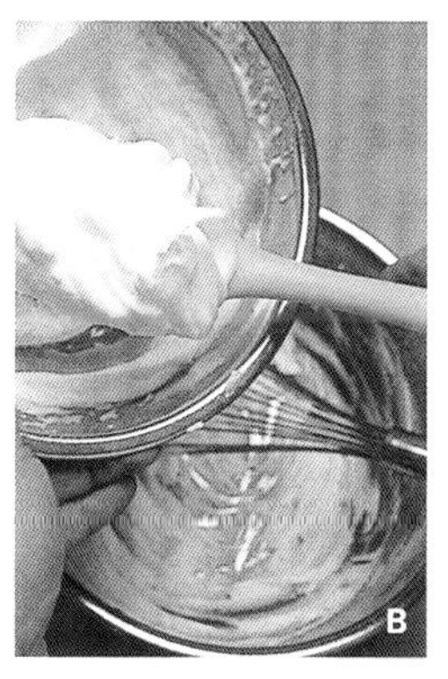

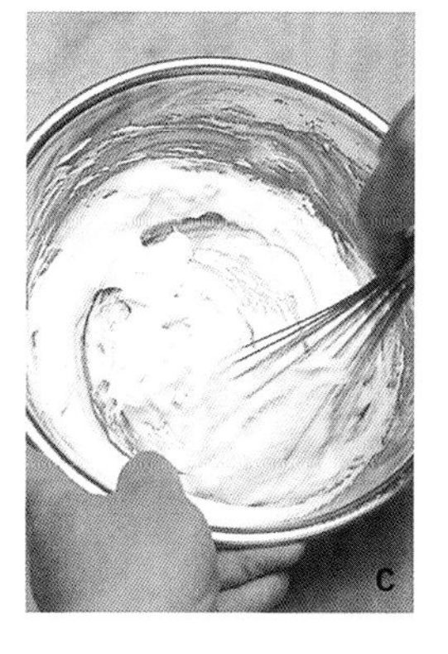

材料（約 6 公分長的餅乾，33 片份量）
無鹽奶油 60 克
鹽 1 小撮
糖粉 50 克
蛋白 50 克
低筋麵粉 50 克

◆預備動作
・奶油放在室溫下回軟。
・烤盤上先塗抹上一層薄薄的奶油（材料量以外）。
・將直徑 0.7 ～ 0.8 公分的圓形擠花嘴裝入擠花袋中。
・烤箱以 120 ～ 130℃預熱。
＊這種餅乾麵糊比較容易沾黏，而且麵糊形狀又容易擴散，所以要在烤盤塗抹上一層薄薄的奶油（氟素樹脂加工的烤盤也要塗抹）。

砂糖、1/2 量蛋白加入奶油中

1. 奶油倒入容器後，加入鹽攪拌。
2. 2/3 量的糖粉分成 3 次加入，每一次都要攪拌均勻。
3. 1/2 量的蛋白倒入另一個容器後攪打起泡，少量加入做法 2. 中（照片 **A**），若一次加太多，奶油會油水分離。若奶油變硬，可在容器底部隔熱水使奶油變軟。

製作蛋白霜，和麵粉交替加入

4. 剩下的糖粉少量加入剩下的蛋白中，打成尖挺的蛋白霜（參照 p.38）。
5. 1/2 量的蛋白霜加入做法 **3.** 混合（照片 **B** ～ **C**）。
6. 加入過篩的麵粉，拌至看不見麵粉顆粒（照片 **D** ～ **E**），加入剩下的蛋白霜拌勻。

擠出烘烤，中途轉高溫續烤

7. 麵糊倒入擠花袋，間隔整齊地往橫擠出約6公分長的麵糊。（照片 **F**）
8. 從烤盤下方用力敲一下讓麵糊稍微擴散，放入烤箱以 120 ～ 130℃烘烤（照片 **G**）。等麵糊變薄且面積擴散，改成 170 ～ 180℃烤至邊緣上色（照片 **H**）。以脫膜刀或抹刀鏟起餅乾，放在工作枱上放涼（放在網架上餅乾會彎曲）。

如何才能把餅乾烤得薄脆？

「從低溫開始烘烤，是貓舌頭餅乾成功的關鍵！」

●如果想繼續再烤時該怎麼做？
一定要等到烤箱的溫度下降才行。如果只把設定的溫度調低的話，烤箱內的溫度無法急速下降，這時可以將烤箱門稍微打開一點散熱。

●為什麼只取 1/2 量的蛋白打蛋白霜？
因為蛋白中大部分是水，很難和奶油均勻融合。所以，先取 1/2 量蛋白打至起泡後慢慢加入，剩下的 1/2 量蛋白則是打成蛋白霜後再加入。

西班牙杏仁餅乾

西班牙杏仁餅乾（polvorones，也有人叫它雪球、波波涅），是一款以豬油為基本材料製作，入口即化的西班牙點心。相傳是以前安達盧西亞地區（Andalucía）每年在耶誕節到新年這一段期間，大家都會吃到的年節點心。在做法上，因為是在柔軟的豬油中加入了砂糖，再加入麵粉，所以也可以算是甜塔皮的一種。這道點心最大的特色，是麵粉必須先炒成金黃色，這樣一來，麵粉的筋性消失，所以充滿香氣、口感酥脆。此外，這裡以豬油取代了奶油，也是讓口感更酥脆的原因之一。

如何才能做出鬆脆的口感？
「先將麵粉仔細地炒過！」

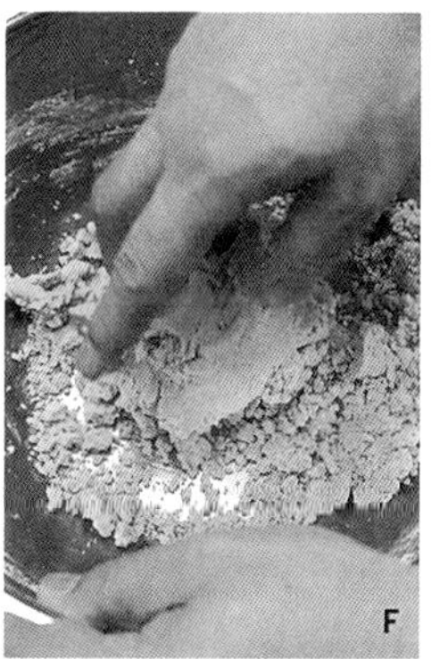

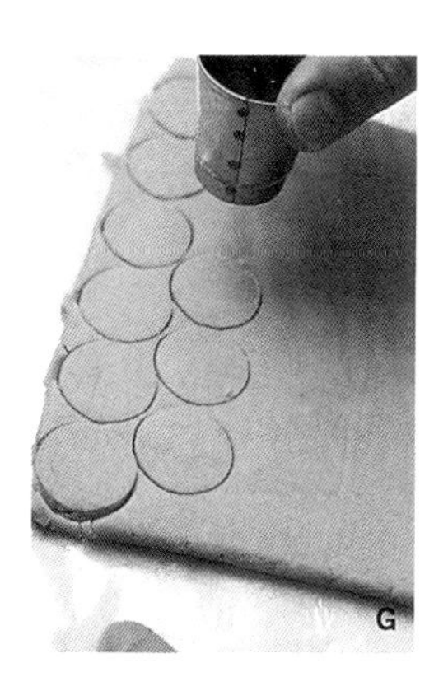

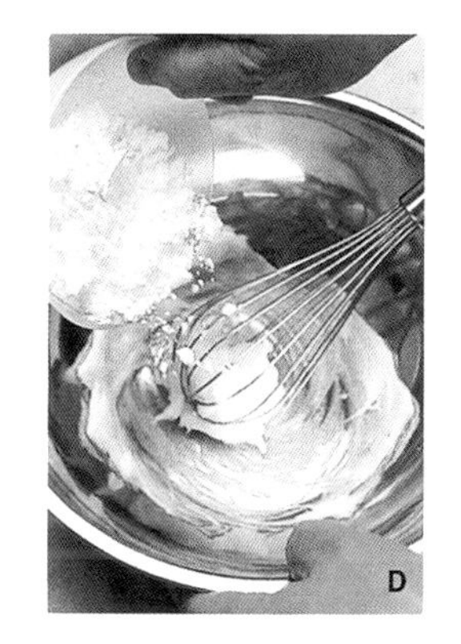

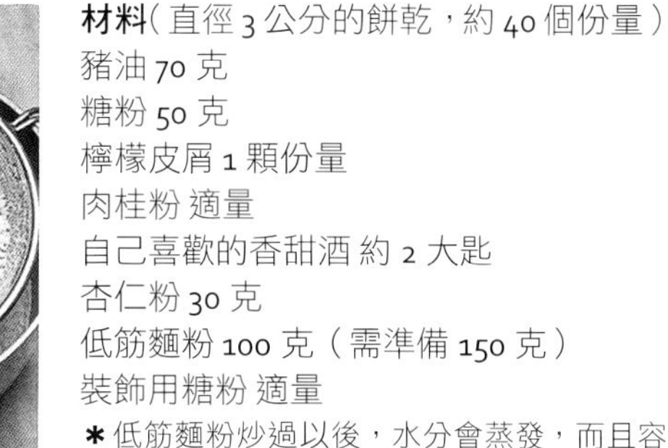

材料（直徑 3 公分的餅乾，約 40 個份量）
豬油 70 克
糖粉 50 克
檸檬皮屑 1 顆份量
肉桂粉 適量
自己喜歡的香甜酒 約 2 大匙
杏仁粉 30 克
低筋麵粉 100 克（需準備 150 克）
裝飾用糖粉 適量
＊低筋麵粉炒過以後，水分會蒸發，而且容易形成小顆粒，份量就會變少，所以麵粉需準備 1.5 倍的份量。如果配方中需要 100 克的低筋麵粉，就要準備 150 克的量。

低筋麵粉和杏仁粉要先炒過

1. 將已經過篩的150克低筋麵粉放入鍋中，以中火加熱，用木匙邊攪拌邊炒。炒一段時間後，麵粉容易形成小塊，可將麵粉再過篩一次，倒回鍋中。（照片 **A**）

2. 再次加熱炒一下，炒到飄出香氣，且呈金黃色即可熄火。拌炒時鍋底可以隔一盆水，以免麵粉炒焦（照片 **B**）。等麵粉涼了再過篩一次，留下 100 克的麵粉備用。

3. 將已經過篩的杏仁粉放入鍋中炒，炒到散發出香氣（照片 **C**）。杏仁粉很容易炒焦，所以要特別留意。

以豬油製作麵糰後再烘烤

4. 將豬油倒入容器中，以打蛋器攪拌。糖粉分 3 次加入，每一次都要充分攪拌均勻（照片 **D**）。

5. 加入檸檬皮、肉桂粉和香甜酒攪拌（照片 **E**），然後加入杏仁粉以打蛋器攪拌。

6. 加入已經冷卻的麵粉，以木匙攪拌混合，最後以手抓拌成一糰（照片 **F**）。如果始終無法拌成糰的話，可以視情況，一次加入一點點香甜酒再抓拌成糰。

將麵糰擀開，以模型按壓出形狀再烘烤。

7. 將塑膠袋剪開攤平，包好麵糰，以擀麵棍擀成 0.7 ～ 0.8 公分厚，再以模型壓出直徑 2.5 公分的圓形。（照片 **G**）

8. 將麵糰排放在烤盤上，放入烤箱，以 130 ～ 140℃烘烤約 20 分鐘，取出趁熱撒上糖粉做裝飾（照片 **H**）。

蘇打餅乾

蘇打餅乾（cracker）是利用法式鹹派皮（pâte brisée）製作的。法式鹹派皮和甜塔皮一樣，大多用在塔皮麵糰，但因為麵粉中殘留著小的奶油顆粒，嘗起來有沙沙的口感，很適合用來做蘇打餅乾。將麵糰排放在烤盤上，依自己的喜好以派輪刀裁切，最後在餅乾表面撒上起司、芝麻等做裝飾。

如何做出酥酥脆脆的蘇打餅乾？「利用法式鹹派皮（pâte brisée）製作！」

材料（440 克，26 公分的烤盤約 2 盤份量）
低筋麵粉 250 克
鹽 1/2 小匙
砂糖 2 小匙
無鹽奶油 125 克
牛奶 60 毫升
塗抹用的蛋 蛋黃 1 顆份量＋蛋白 1/2 顆份量

裝飾
鹽、胡椒、帕瑪森起司、芝麻、杏仁、開心果、松子、巴西里、甜椒粉 適量

◆預備動作
・低筋麵粉放入冰箱的冷凍庫（或冷藏室）冷藏。等一下要使用的容器也放入冰箱裡面冷藏，備用。
・奶油回軟後拌勻，備用。

製作法式鹹派皮

1. 將冰冷的低筋麵粉倒入大容器中，加入鹽和砂糖，以打蛋器仔細攪拌。
2. 將光滑的奶油一次全部倒入，以打蛋器從上往下將奶油壓碎，使奶油變成很細碎的顆粒（照片 **A** ～ **B**）。然後以打蛋器左右移動混合，利用麵粉的冰冷讓奶油凝固成極小的顆粒。
3. 接下來不使用打蛋器，改以手掌搓成更細緻的麵包粉狀。（照片 **C**）
＊這裡如果動作不夠快，手掌的熱度會使奶油變軟，所以動作要加快。
4. 將牛奶全部倒入（照片 **D**），一開始先用刮刀切拌成糰，最後再用手輕輕地捏揉成一個麵糰（照片 **E**）。
5. 麵糰放入塑膠袋，以擀麵棍將麵糰輕輕壓平，放入冰箱中冷藏一晚。

將麵糰排在烤盤上，鬆弛一晚

6. 將鬆弛一晚的麵糰從冰箱取出，取 1/2 量的麵糰，輕輕撒上手粉，放在工作枱上擀開。擀到某個程度後，以塑膠片包好，均勻擀壓成和烤盤一樣的大小，然後放入烤盤中。剩下的麵糰也以同樣的方法擀壓後放入烤盤中，連烤盤直接移入冰箱，最少冷藏 1 個小時。
＊這裡要注意！如果一開始就以塑膠片包好法式鹹派皮擀壓，會比較難擀開。

擺上裝飾後烘烤

7. 以壓模或派輪刀，切割或壓成拼圖一樣般的片狀（照片 **F**）。
8. 以刷子沾裹蛋液，塗抹在餅乾表面，每個地方均勻撒上些許鹽，再隨意撒上起司屑、堅果碎（照片 **G**）。
9. 放入烤箱，以 200℃烤約 20 ～ 30 分鐘，烤至香脆。

瓦片餅乾

麵糊要光滑，才能烘烤出一大片又薄又平整的瓦片餅乾（tuiles）。將麵糊放置一晚，讓砂糖完全溶化，烘烤完成的餅乾會更有光澤。

雖然這款餅乾是因為外型像瓦片，所以才叫作瓦片餅乾（tuiles，法文中是指瓦片），但如果不想把餅乾彎曲成瓦片狀也沒關係。如果先將麵糊烘烤成像p.26中的貓舌頭餅乾那樣的扁圓片薄餅，然後再壓成彎彎的形狀，也可以叫作瓦片餅乾。p.33照片中，右邊的餅乾有加入杏仁片，左邊的是可可口味的瓦片餅乾。

如何才能烘烤成漂亮的薄片？

「將麵糊放置一晚，使麵糊變得光滑」

■杏仁瓦片餅乾

材料（直徑7～8公分的餅乾，約35片份量）

杏仁片70克
砂糖60克
低筋麵粉10克
香草莢1/3根
蛋白35克
無鹽奶油30克

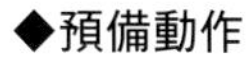

◆預備動作

・奶油隔熱水融化。

製作麵糊，然後放置一晚

1. 將杏仁片、砂糖和麵粉倒入容器中，以刮刀混合（照片**A**）。

2. 香草莢剖開，刮出裡面的香草籽，連同香草莢一起放入做法**1.**中，加入蛋白混合。然後加入融化奶油混合，以保鮮膜包好容器，放入冰箱冷藏一晚（照片**B**～**C**）。

烘烤麵糊，然後壓成瓦片狀

3. 在烤盤上塗抹一層薄薄的奶油（材料量以外），將滿滿1小匙（茶匙）的麵糊舀至烤盤上，麵糊和麵糊之間要留足夠的空間（照片**D**）。

4. 以沾了水或牛奶的叉子背部將麵糊攤平，放入烤箱以170～180℃烤約15分鐘（照片**E**），烤至色變深、散發香氣（照片**F**）。

5. 趁餅乾剛出爐還很熱時，以刮刀移動餅乾，將餅乾翻過來放入圓管內，壓成彎曲狀（照片**G**）。

●如果沒有圓管狀物體，要怎麼塑型呢？

可以將用完的保鮮膜中間硬紙部分縱向分割成兩半，然後將餅乾放入裡面，壓成彎曲狀即可。

■椰子瓦片餅乾

材料（直徑5～6公分的餅乾，約40片份量）

椰絲60克
砂糖60克
低筋麵粉20克
蛋白60克
柳丁皮屑40克
無鹽奶油40克

做法和「杏仁瓦片餅乾」相同。以椰絲取代杏仁片，柳丁皮屑則和蛋白一起加入混合。

如何擀壓熱焦糖？

「用烤盤紙包好，然後再擀壓」

焦糖瓦片餅乾

瓦片餅乾並不是只有以麵粉為主材料製作的餅乾。接下來，要介紹一種特別的焦糖瓦片餅乾。
將熬煮好的焦糖倒入杏仁片中，趁焦糖還熱著的時候以擀麵棍擀平，再切成小塊。接著放入烤箱烘烤成薄片。熱焦糖在操作上比較困難，這裡有一個小秘訣：用烤盤紙包住熱焦糖後再擀壓，這樣是不是輕鬆、簡單多了呢？

材料（直徑 6 公分的餅乾，約 60 片份量）
日本水飴 50 克
砂糖 100 克
鮮奶油 50 毫升
無鹽奶油 40 克
香草莢 1/3 根
柳丁皮屑 1/2 顆份量
杏仁片 100 克

◆預備動作
・將杏仁片放入烤箱，以低溫（130～140℃）烤至稍微上色。
・準備可以擀壓焦糖的工作枱。可在砧板上鋪上一張烤盤紙（約 40 公分長）。
・烤盤上先塗抹一層薄薄的奶油（材料量以外）。
・烤箱以 160～170℃ 預熱。

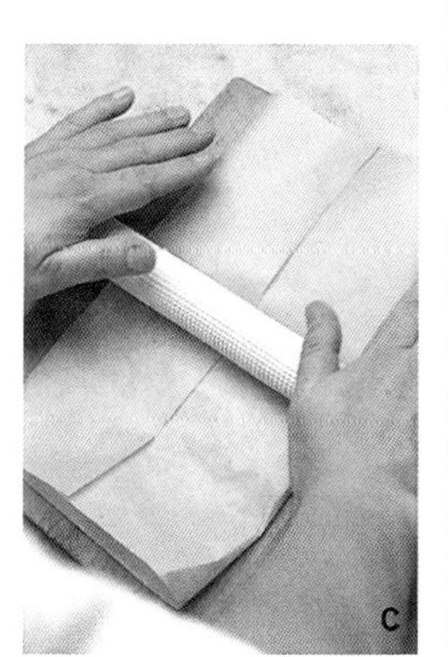

煮焦糖，放入杏仁片

1. 取一個小型的深底單柄鍋，除了杏仁片以外，依序放入所有的材料（香草莢剖開，刮出裡面的香草籽，連同香草莢一起放入），以中火加熱。

2. 為了避免鍋底沾黏，要不時以刮刀從鍋底翻拌，邊攪拌邊熬煮。剛開始呈鮮奶油的顏色，漸漸會變成膚色，這時立刻加入杏仁片攪拌混合，然後倒在工作枱（烤盤紙）上，以刮刀迅速壓平（照片 **A**～**B**）。

以烤盤紙包好擀壓，然後切成數等分

3. 將兩邊的烤盤紙往內折蓋好，以擀麵棍擀平（照片 **C**）。如果烤盤紙尺寸較小，可在上方再蓋一張烤盤紙繼續擀壓。

＊在砧板上擀壓，可以避免焦糖急速冷卻。熱焦糖盡量不要從烤盤紙裡面露出，此外，操作時要小心不要被熱焦糖燙到。

4. 打開烤盤紙，以刀子將麵糊切成 2 公分的正方形，約可切 60 片（照片 D）。邊緣的麵糊盡量往內聚集。

整型成圓形後烘烤

5. 將每一片做法 **4.** 放在烤盤上，麵糊間要留足夠的空間，以 160～170℃烘烤（照片 **E**）。麵糊四邊會融化成圓片。

6. 等麵糊一上色，立刻取出。以塗抹了奶油的圓形模型邊緣，將麵糊聚集起來，整成圓形（照片 **F**）。然後再放回烤箱中，烘烤至散發出香氣。

將餅乾壓成彎曲的瓦片狀

7. 剛出爐的餅乾太軟易變形，要稍等一下再操作。等餅乾變成容易操作的硬度，以刮板鏟起餅乾，將餅乾一片一片翻過來放入圓管內，壓成彎曲狀（照片 **G**）。

＊如果餅乾在放入圓管內之前就變硬了，可以再放回烤箱內使其變軟，再繼續操作。

用蛋白製作美味點心

你一定有過製作甜點時剩下蛋白的經驗吧！如果能活用蛋白的特性，就可以創作出各式各樣的點心囉！

接下來，除了嘗試利用低溫烘乾蛋白霜來製作像是棉花糖、雪浮島（eufs à la neige）、蛋白甜餅夾心（japonais）等蛋白霜點心之外，更要告訴大家如何用蛋白霜做蛋糕、費南雪、馬卡龍和舒芙蕾等甜點的霜飾。

低溫烘乾蛋白霜餅的方法，可參照 p.38

第一步，從低溫烘乾蛋白霜餅開始

低溫烘乾蛋白霜餅，是指將蛋白和砂糖打至乾性發泡的蛋白霜，再放入烤箱以低溫烘烤製成的樸素小點心。嘗起來口味偏甜，質感細緻且入口即化，滋味美妙。在一年裡大半時間都是乾冷氣候的歐洲，從很久以前開始，就很受一般人的喜愛。據說，連那位有名的法國瑪麗皇后都很喜歡品嘗。

小一點的蛋白霜餅可以用來裝飾蛋糕或當作茶點，大一點的，可以用在冰淇淋或蒙布朗的底，利用擠花嘴就能擠出各種不同大小和形狀，非常有趣。而且，即使只有少量的蛋白，也能打出大量的蛋白霜，大家一定要試試看！

「就是長時間以低溫烘烤，使內部乾燥」

什麼是低溫烘乾？

低溫烘乾蛋白霜餅

製作低溫烘乾蛋白霜餅的時候，相較於蛋白，因為要加入更大量（120％）的砂糖，所以蛋白霜的打發難度較高，不過，砂糖量的多寡並不會影響打發蛋白霜的方式。打發蛋白霜時，砂糖不要一口氣全部加入，一次倒入一些打發，分成好幾次加入，直到全部打發完為止。

不過，這裡並不是將砂糖分成數次加入攪打就好了，最重要的，是每倒入一些砂糖，要確實打發成以打蛋器提起蛋白霜，蛋白霜尾端能直挺站立，才能再繼續加入砂糖。只要能遵守這個訣竅，一定能成功打發蛋白霜。

低溫烘乾需要比較長的時間，但只要確實打發好蛋白霜，接下來就只要全部交給烤箱就行了。千萬不要一開始就覺得這一定很難，放鬆心情做做看吧！

什麼時候是加入砂糖的最佳時機？

「蛋白霜打發到能直挺站立，就可以繼續加入砂糖」

材料（26 公分的烤盤，約 2 盤的份量）
蛋白 70 克（2 顆份量）
糖粉 85 克（蛋白量的 120％）
君度橙酒（cointreau，又叫康圖酒）等無色香甜酒 1 小匙
＊如果想要做有顏色的，可準備些許喜歡的食用色素和水。
＊想要製作香菇形狀的話，要準備 1 小匙可可粉和 1 大匙糖粉。

◆預備動作
・把喜歡的擠花嘴裝入擠花袋中。
・烤箱以低溫（80 ～ 100℃）預熱。

製作蛋白霜

1. 將蛋白倒入容器中，使用手提式攪拌器，先以低速攪打全部的蛋白，打至呈白色的顆粒粗大泡沫，加入少量（約 1 大匙）的糖粉，將攪拌器轉至高速繼續打發蛋白。

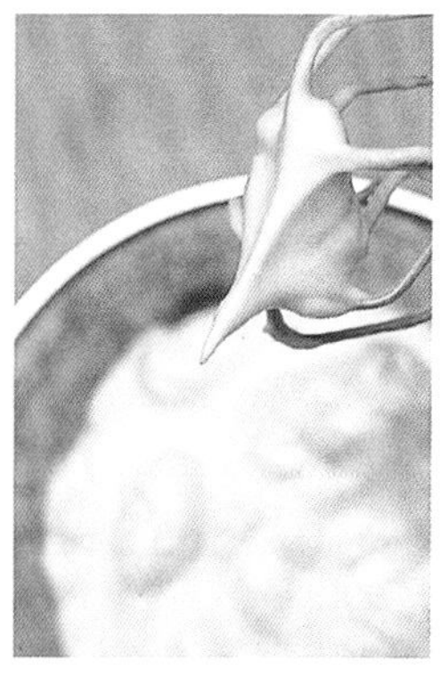

2. 先停止攪打動作，確認蛋白霜狀態。以打蛋器提起蛋白霜，如果蛋白霜尾端能形成一個柔軟的三角尖狀，這時就是加入糖粉的最佳時機。

3. 繼續加入少量糖粉打發。

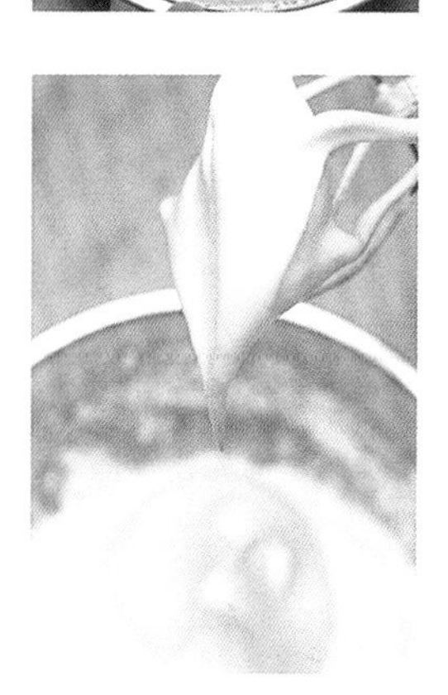

4. 剛加入糖粉時，糖粉會溶解，打好的蛋白霜會有點塌陷。

■香菇蛋白霜餅

在歐洲，香菇是誕生和豐收的象徵。香菇蛋白霜餅除了直接吃，也可以用來裝飾其他點心。分別擠出香菇傘和香菇柄造型的蛋白霜餅，低溫烘乾後再組合即可。

做法

參照 p.38 製作蛋白霜，以直徑 1.5 公分的圓形擠花嘴，分別擠出香菇傘和香菇柄造型的蛋白霜，然後以低溫烘乾，時間最少需要 2 個小時。預留少許蛋白霜備用（是要用來黏東西的，變成黏糊糊的也沒關係）。

製作香菇傘：擠花嘴離烤盤有一點距離，擠出圓球。擠好圓球時停止施力，擠花嘴迅速轉一圈。將可可粉和糖粉混合後，以篩網篩在圓球上，放入烤箱以低溫烘乾。

製作香菇柄：擠花嘴碰到烤盤且和烤盤垂直，開始擠蛋白霜，停止施力後立刻往上提，就會形成一個尖尖的頭的形狀。

組合香菇傘和香菇柄：在烘乾的香菇傘背面，先刺一個可以放入香菇柄尖端的小洞。將預留的蛋白霜重新混合，香菇柄尖端沾上少許蛋白霜，插入香菇傘背面的小洞裡，放入烤箱，以低溫烘乾 20 ～ 30 分鐘。烘乾後可直接保存。

＊也可以使用鮮奶油或果醬來組合香菇傘和香菇柄，但要注意這樣容易變得比較濕潤。

●哪些工具可以幫助成功打發蛋白霜？

首先，手持電動攪拌器絕對不可缺，而且，盡可能購買馬力較強的產品（這裡是使用 220W 的產品）。

此外，要注意容器裡面或工具絕對不可以沾到一丁點油脂，否則蛋白就會無法打發。操作前一定要將容器、工具清洗乾淨。

●為什麼要分數次加入砂糖呢？

如果剛開始打發蛋白時就加入大量的砂糖，那蛋白會變得黏糊糊的很難打發，而且一旦變成這種狀態就無法補救了。

打發蛋白時，蛋白之所以會變成蓬鬆，是因為蛋白中所含的蛋白質的作用。蛋白質一接觸到空氣就會凝固、變硬。而每次只加入一點點的砂糖打發，有助於使蛋白霜更安定、堅固。

5. 接著繼續攪打蛋白霜，直到打發至形成一個柔軟的三角尖狀。繼續加入少量糖粉，重複剛才打發的動作。

6. 一次慢慢倒入一點點糖粉，重複以上的動作，直到所有的糖粉用完為止。這時取少許食用色素放入水中調勻，然後將色素水和香甜酒倒入蛋白霜中。

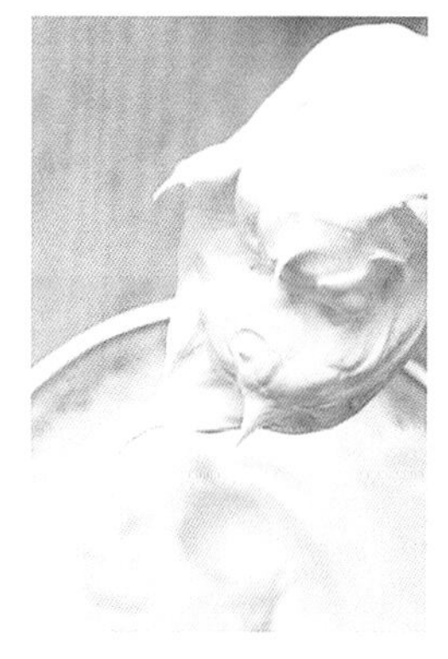

以擠花袋擠出蛋白霜，並以低溫烘乾

7. 在烤盤的四個角落和中間沾一些蛋白霜，再蓋上烤盤紙，這樣可以固定烤盤紙。

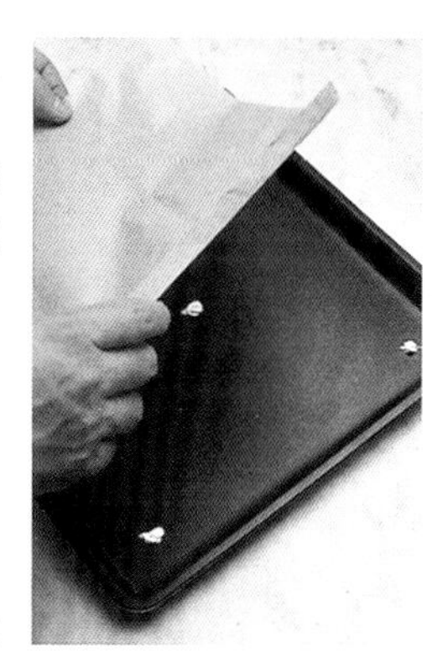

8. 將做法 **6.** 的蛋白霜倒入擠花袋中，擠在烤盤上。擠出的蛋白霜大小會影響低溫烘乾所需的時間，所以盡量在同一個烤盤裡擠出相同的大小。將烤盤放入烤箱，以低溫（80 ～ 100℃）開始烘烤，不要烤到上色，只要將蛋白霜餅的中間烘乾即可，拇指大小的蛋白霜至少要烘烤 1 個小時。

＊因為是低溫烘烤，很難判斷中間究竟烘乾了沒有，建議先拿出一個蛋白霜餅，等放涼之後切開，吃吃看中間是否已經乾了。

＊等烘乾的蛋白霜餅全都涼了，連同乾燥劑一起放入可以密封的容器中保存。

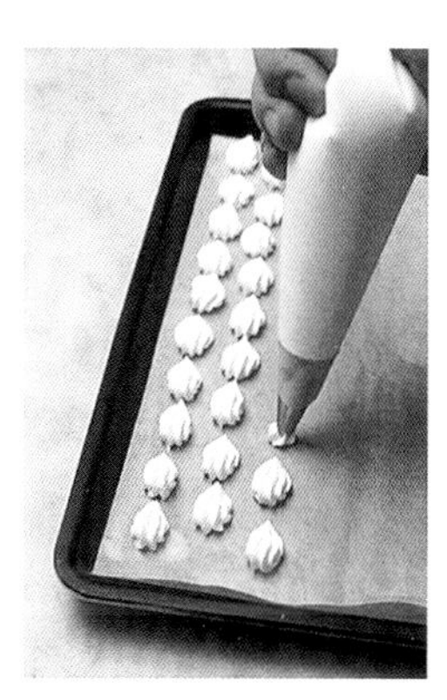

利用低溫烘乾蛋白霜餅製作

蒙布朗

利用低溫烘乾蛋白霜餅製作蒙布朗吧！最常見的蒙布朗做法，是用海綿蛋糕或塔皮當作蒙布朗的底，但若換成大片蛋白霜餅搭配栗子奶油、鮮奶油香堤（crème chantilly），更能變化出特別的滋味。由於栗子奶油是將生栗子煮過後再製作，所以較花時間。

材料（10 個份量）

低溫烘乾蛋白霜餅
（參照 p.38）10 個

栗子奶油
（容易製作的份量，約 900 克）
- 栗子肉 500 克
- 牛奶 約 400 毫升
- 香草莢 1 根
- 砂糖 180 克
- 蘭姆酒 2 大匙
- 無鹽奶油 120 克

鮮奶油香堤
- 鮮奶油 120 毫升
- 砂糖 1 小匙

裝飾用糖粉 適量

＊栗子奶油完成後，取 2/3 量使用。

◆預備動作

・ 低溫烘乾蛋白霜餅的做法可參照 p.38，以直徑 1.5 ～ 2 公分的圓形擠花嘴，擠出數個直徑 5 ～ 6 公分，且有點高度的圓餅狀蛋白霜，放入烤箱以低溫烘乾 6 ～ 8 小時（照片 A）。

製作栗子奶油

1. 栗子先剝掉外層皮膜和種皮，每個切對半。先把栗子泡在微溫的水中 30 分鐘，外層的皮膜會比較好剝。

2. 取一個深鍋，倒入栗子、牛奶；香草莢剖開，刮出裡面的香草籽，連同香草莢一起放入加熱。剛開始用大火煮，煮滾後改小火，為了避免煮焦，要不時攪拌鍋底。煮的過程中如果水分不夠，可以加入牛奶。

3. 等栗子煮軟，收乾水分後離火（照片 **B**）。取出香草莢，趁栗子還溫熱的時候，放入食物調理機中攪打，再取出以篩網過濾（照片 **C**）。

4. 將做法 **3.** 倒回鍋中再加熱，倒入砂糖，熬煮至砂糖融化。

5. 將做法 **4.** 倒入鋼盆中，包上保鮮膜以免栗子泥表面乾掉，置於一旁放涼。栗子泥涼了之後，倒入蘭姆酒、室溫回軟的奶油，攪拌成光滑的乳霜狀（照片 **D**）。

D

A

E

組合和裝飾

6. 將砂糖倒入鮮奶油中，打發至適合擠花的軟硬度。將直徑 1.5 公分的圓形擠花嘴裝入擠花袋中，擠在蛋白霜餅的中間，要稍微有點高度（照片 **E**）。

7. 將栗子泥以蒙布朗專用擠花嘴，由下往上繞圈擠在做法 **6.** 上面，最上面擠出栗子泥覆蓋住。擠完第一次之後可以再擠一次，栗子泥越飽滿，成品也會越漂亮（照片 **F** ～ **G**）。

8. 撒上如同降雪一般的糖粉。

B

F

C

G

棉花糖

棉花糖（marshmallow）也是利用打發蛋白霜製成的點心之一。如同嬰兒的臉頰般柔嫩細緻，口感蓬鬆入口即化，非常好吃。因為最初是以淺紅色的藥蜀葵為材料（marshmallow）做成，所以有了這個名字。

棉花糖和一般的蛋白霜不同，它是在打發蛋白時倒入加了吉利丁的熱糖液，打發成蛋白霜。然後將蛋白霜擠入盛滿玉米粉的容器中，擠成一顆顆小圓球。而p.44照片中的白色棉花糖，裡面還包入了橙皮。

棉花糖也是用蛋白霜做成的嗎?!

「是用加了吉利丁的蛋白霜做成的」

材料（直徑 4 公分，約 30 個份量）
蛋白 50 克
{ 吉利丁粉 1½ 大匙
{ 水 70 毫升
砂糖 150 克
檸檬汁 1 大匙
喜歡的香甜酒 1 大匙
玉米粉 適量（大概準備 2 包 1 公斤裝的）
＊取少量喜歡的食用色素染色。

◆預備動作
・將吉利丁粉放入 70 毫升的水中，吸水至軟化膨脹。
・將直徑 1 公分的圓形擠花嘴放入擠花袋中。

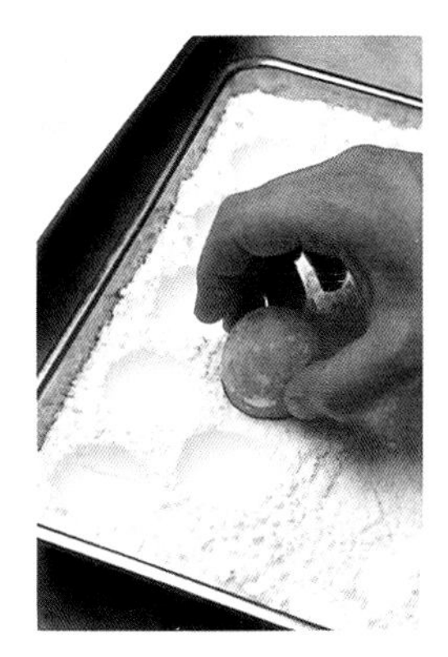

準備裝粉的容器

1. 取平盤或平的容器（這裡是用 2 個 22×30 公分的平盤），倒入約 3 公分高的玉米粉，用小型的打蛋器弄平。用蛋的尖端壓出一個一個凹陷，每一列的凹陷交互排列。

2. 當全部平盤都弄好以後，再用蛋順著第一次壓的凹陷記號再壓一次，讓形狀更漂亮。

打發蛋白

3. 將蛋白倒入鋼盆中，用攪拌器以高速將蛋白打發成蛋白霜。注意這裡因為沒有加入糖，如果打發過頭的話，會變成一糰糰鬆散的泡沫。

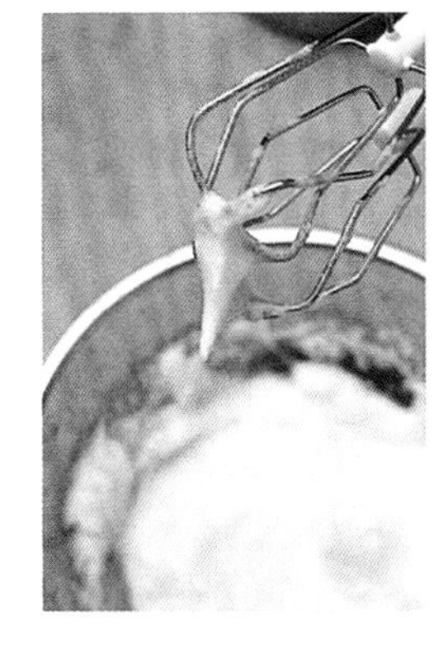

砂糖加入吉利丁液中煮溶

4. 將膨脹的吉利丁倒入小的單柄鍋中，邊以小火加熱，邊用刮刀攪拌煮溶，然後將砂糖全部加入。

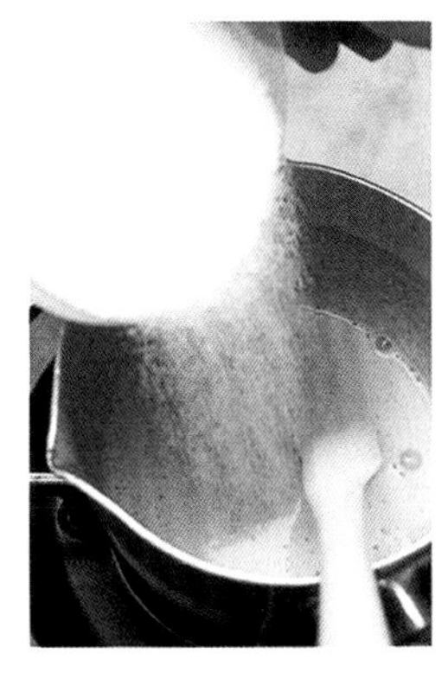

5. 邊攪拌邊煮至快要煮滾的狀態，小心不要將吉利丁煮焦。

加入打發的蛋白霜

6. 和打發蛋白霜時加入砂糖的方式一樣，將做法 **5.** 的熱糖液一點一點地倒入做法 **3.** 中，充分打發。
＊操作過程中如果糖液變冷了，可以小火加熱後再倒入。

7. 加入檸檬汁、香甜酒混合成棉花糖麵糊。如果想要染色，可以在這個時候將食用色素以極少量的水溶解，加入混合拌勻。

8. 當以打蛋器舀起時，麵糊會慢慢往下滴落，就可以倒入擠花袋中。

擠入玉米粉盤中

9. 將麵糊擠入玉米粉盤（容器）的凹陷中。

＊如果麵糊太稀的話，擠入盤子時會沾到過多的玉米粉而使成品粉粉的。此外，麵糊變冷會比較難擠出，所以最好先倒入容易操作的麵糊量後擠出，剩餘的麵糊如果變硬了，可在鋼盆底隔水加熱，攪拌到適當的軟硬度再使用。

10. 擠入的麵糊放置 20 ～ 30 分鐘，等表面凝固（變硬），再以小的濾茶器篩入玉米粉（如果麵糊太稀，凝固所需的時間也較長）。

11. 用大網勺舀起完成的棉花糖，將多餘的玉米粉篩落。

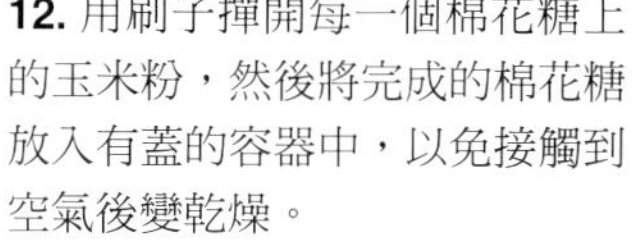

12. 用刷子撣開每一個棉花糖上的玉米粉，然後將完成的棉花糖放入有蓋的容器中，以免接觸到空氣後變乾燥。

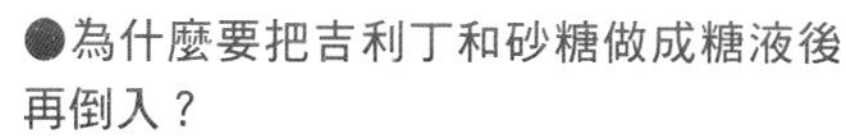

●為什麼要把吉利丁和砂糖做成糖液後再倒入？

就算把融化的吉利丁立刻全部倒入蛋白霜中，也很難攪拌均勻。而且在這個配方中糖的量較多，所以將砂糖倒入吉利丁中煮成糖液狀，再一點一點地倒入打發的蛋白霜中會比較容易混合。做成糖液後再加熱，蛋白霜的狀態會比較穩定。

●為什麼要撒入玉米粉？

配方中吉利丁的量之所以比蛋白多出許多，是希望完成的棉花糖麵糊較堅硬，不過這樣卻會使得麵糊黏黏的，不利於操作。因此，和在年糕上撒粉的道理相同，在棉花糖麵糊旁撒些玉米粉，可以使操作更加順利。

●如果想加入橙皮的話？

如果是製作基本份量的棉花糖，可以準備 30 克的橙皮丁，在加入香甜酒後將橙皮丁倒入，混合成棉花糖麵糊，然後以擠花袋擠出就可以了。

蛋白霜的變化款點心

雪浮島

雪浮島（oeufs à la neige）是法國人最喜歡的甜點，在日文中大概就像是「如白雪般的蛋」、「薄雪蛋」的意思吧！這道點心是把蛋白霜拿去煮所製作成的，經過煮的過程，可以讓蛋白霜凝固。

在一般餐廳大多是利用杓子做成美麗的形狀，不過，接下來我要教大家的是方便在家製作的方法，也就是利用擠花袋來做出漂亮的造型。在操作上，並不是要將蛋白霜直接擠入熱水中，而是擠在紙張上再放入熱水中煮，這樣才能把蛋白霜煮成一糰一糰。

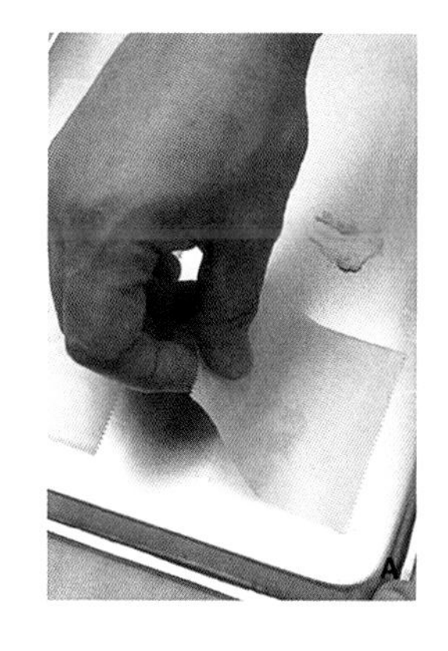

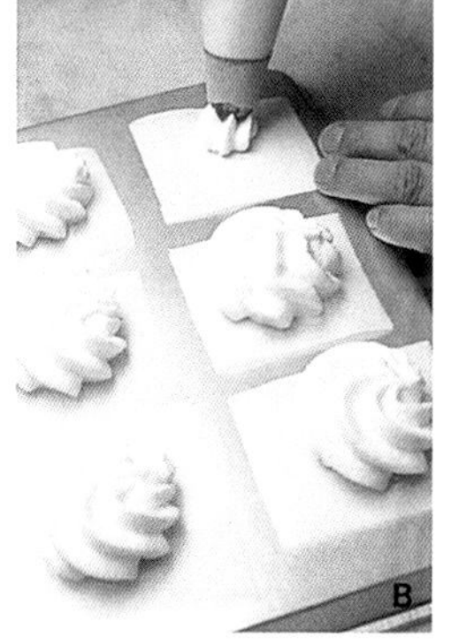

蛋白霜可以煮嗎？

「用85～90℃的熱水煮的話，就沒問題」

材料
（直徑 5 公分，10 個份量）

蛋白霜
- 蛋白 70 克
- 糖粉 45 克

安格斯醬
（crème anglaise，英式奶油醬）
- 蛋黃 4 顆份量
- 砂糖 125 克
- 牛奶 500 毫升
- 香草莢 1 根
- 喜歡的香甜酒 少許

裝飾用焦糖
- 砂糖 50 克
- 水 少許

◆預備動作
- 參照 p.72 製作安格斯醬。
- 將直徑 1.3 公分的星形擠花嘴裝入擠花袋中。
- 將烤盤紙裁剪成可以放入直徑 5 公分的蛋白霜的正方形。

製作蛋白霜後擠出

1. 參照 p.38 將糖粉分成 5 ～ 6 次加入蛋白中，打成尖挺的蛋白霜。攪打的同時，取一個大的寬口矮鍋，煮一鍋 85 ～ 90℃的熱水。

2. 取少量的蛋白霜當黏著用的漿糊，把裁好的烤盤紙黏在平盤上（照片 **A**）。將蛋白霜倒入擠花袋中，在黏好的紙上面擠出一個個直徑 5 公分的蛋白霜（照片 **B**）。

煮蛋白霜

3. 將做法 **2.** 的蛋白霜，連同紙張一一放入熱水鍋中（照片 **C**），以小火煮 2 ～ 3 分鐘，以叉子的背部從紙的上方壓入熱水中，讓蛋白霜翻回正面（照片 **D**），這時紙張會自然剝落。

4. 再持續煮 2 ～ 3 分鐘後，用叉子撈起蛋白霜，放在廚房紙巾上吸掉多餘的水分（照片 **E**）。

5. 參照 p.77 製作焦糖液，淋在做法 **4.** 的上面。蛋白霜放在廚房用紙巾上，用湯匙舀焦糖液，從高處往下像畫一條條線般即可（照片 **F**）。

6. 將安格斯醬舀入盤中，放入蛋白霜，讓蛋白霜浮在醬汁上面。

●為什麼要用 85 ～ 90℃的熱水來煮？
這是因為如果水溫太低的話，蛋白霜會溶化；如果水溫太高，蛋白霜則會突然膨脹而變形，所以水溫最好控制在 85 ～ 90℃之間。此外，要用小火加熱，並且維持適當的溫度。

用蛋白霜裝飾的點心

克力奧

尖挺的蛋白霜，也可以用來做蛋糕的霜飾。可以把蛋白霜塗抹在蛋糕表面，然後用噴槍在表面燒出顏色，不僅漂亮，更散發出獨特的香氣。操作時，蛋白霜可以隔熱水加熱約1分鐘，使狀態更穩定。比起常見的奶油霜飾，蛋白霜的口感更清爽，風味更迷人。在法式甜點中，像這樣塗上蛋白霜再以噴槍上色的點心，稱作克力奧（creole，西印度群島中的安地列斯島風）。

這款點心是以全蛋打發法（以全蛋打發法製作的法式海綿蛋糕稱作genoise，音譯為傑諾瓦士）製作海綿蛋糕麵糊，再倒入淺圓模型中烘烤而成，中間夾入了甘那許（ganache）和鮮奶油調合成的巧克力奶油當作內餡。

可以用蛋白霜裝飾點心嗎？

「將蛋白霜隔熱水加熱，使它更穩定，再塗抹在蛋糕上做霜飾」

首先，在海綿蛋糕片中間夾入巧克力奶油

材料

（直徑 20 公分的淺圓模型，1 個份量）

用在霜飾的蛋白霜
- 蛋白 70 克
- 糖粉 70 克

海綿蛋糕（傑諾瓦士）
- 全蛋 3 顆
- 砂糖 90 克
- 水或糖水 1 大匙
- 低筋麵粉 90 克
- 無鹽奶油 60 克

巧克力奶油
- 甘那許
  - 鮮奶油 50 毫升
  - 甜味調溫巧克力（參照 p.95）80 克
- 喜歡的香甜酒 適量
- 鮮奶油 80 毫升

柳橙 2 個

柳橙風味的糖漿
- 柳橙汁 80 毫升
- 砂糖 40 克
- 喜歡的香甜酒 適量

裝飾用糖粉 適量

◆預備動作

・參照 p.84 烤好一個海綿蛋糕。在這裡是使用直徑 20 公分的淺圓（圓形）模型。在模型的側邊塗抹奶油（材料量以外），放入冰箱冷藏後再撒入高筋麵粉（材料量以外）。然後在模型底部鋪入烤盤紙，以 170 ～ 180℃烘烤 25 ～ 30 分鐘，出爐後將蛋糕烘烤的那一面朝上放至冷卻。

・柳橙削除薄皮，用刀子劃破薄膜，取出柳橙肉。

・將砂糖、香甜酒加入柳橙汁中拌勻，就成了柳橙風味的糖漿。

製作巧克力奶油

1. 參照 p.23 製作甘那許，然後加入香甜酒後放至冷卻，但要避免甘那許變硬。接著加入攪拌柔軟的鮮奶油混合拌勻。

＊這裡要注意，如果甘那許太硬的話，加入鮮奶油後會很難拌勻。

2. 攪拌均勻後，在容器的底部墊一盆冰水，讓巧克力奶油冷卻到變成濃稠狀。（巧克力變冷後自然呈濃稠狀）。

抹入奶油和柳橙果肉，組合

3. 將海綿蛋糕分切成 3 層（片），最下層的海綿蛋糕放在轉枱上，刷上一層柳橙風味的糖漿。

4. 抹上 1/2 量的巧克力奶油，取適當的間隔排入 1/2 量的柳橙果肉，輕輕壓一下，再蓋上中層蛋糕。同樣地刷上糖漿，抹上剩下的奶油，排入剩下的柳橙果肉，重疊蓋上最上層蛋糕，並刷上糖漿。

5. 將流到側面的巧克力奶油抹掉，整個蛋糕放入冰箱冷藏。

用蛋白霜做霜飾，大功告成！

隔熱水加熱，讓蛋白霜更穩定

6. 先準備一鍋約 80℃，要加熱蛋白霜的熱水。參照 p.38 將糖粉分成 8 ～ 9 次加入蛋白中，打成堅硬的蛋白霜。然後在裝蛋白霜的容器下隔一鍋熱水（80℃）加熱，一邊攪拌一邊加熱約 1 分鐘，當蛋白霜達到 40℃時狀態最穩定。

7. 在蛋白霜容器下墊一盆水，邊攪拌邊讓蛋白霜冷卻。

抹在蛋糕上

8. 將做法 **7.** 的蛋白霜抹在已經冷卻的蛋糕上。

9. 用鉅齒狀刮板在蛋糕表面畫出波浪的紋路。

10. 將直徑 1.5 公分的圓形擠花嘴裝入擠花袋中，把蛋白霜在蛋糕邊緣擠成一球一球的。

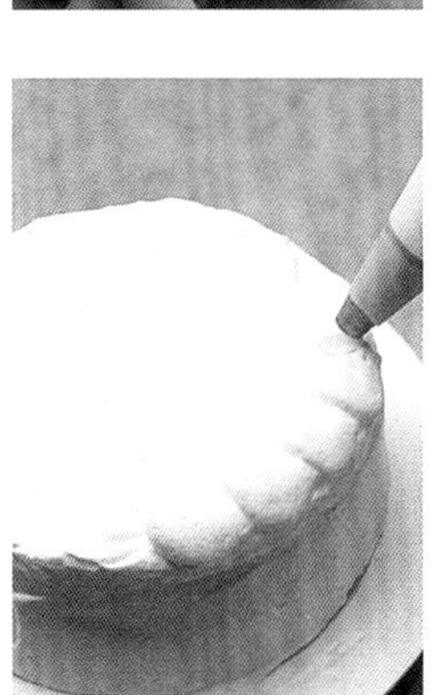

用噴槍將表面燒出顏色，完成裝飾

11. 將糖粉平均撒在蛋糕的表面。

12. 用噴槍燒出顏色。

＊如果沒有噴槍的話，可將蛋糕充分冷卻後放在烤盤上，記得底部要重疊好幾張烤盤，然後放入烤箱，以最高溫度烘烤約 1 分鐘（只烤到上層），烤至蛋糕的表面有焦色。

如何才能把蛋糕切得工整？

為了讓每個人都能享用到美味的蛋糕、點心，必須把糕點分切成數份。但要如何才能把好不容易做好的漂亮蛋糕，底部不用墊紙，就能切得很平順呢？操作之前，可以參照下面的做法！

準備好要切的蛋糕

將蛋糕放入冰箱冷藏，讓奶油霜等變硬之後比較好切。

準備刀子

取一支鉅齒刀，切蛋糕前先放入熱水中泡一下，稍微加熱刀刃。從熱水中取出刀子時，因為刀子上帶點水氣會比較好切，所以不用將刀刃完全擦乾，直接使用（不過如果是要切以巧克力霜飾的點心，刀刃就一定要擦乾）。

將熱水盆放在一邊，每切完一刀就擦掉奶油，然後把刀子放入熱水中泡，再繼續操作。

切法

將刀刃和蛋糕垂直，像使用鋸子那樣前後移動刀刃切蛋糕，先將蛋糕切成一半（照片 **A**）。剖面會自己剝落，所以不要從上往下壓著切。然後將刀子插入蛋糕的底部稍微移動，將左右兩邊蛋糕分開一點點（照片 **B**），這樣接下來切 1 人份的時候，邊緣和尖角才能切得整齊又美觀（照片 **C ～ D**）。

C

A

D

B

夾心杏仁甜餅

雖然名稱的正確由來沒有定論，但一般來說，將杏仁粉等堅果粉、麵粉加入蛋白霜中混合的麵糰，就叫作杏仁甜餅麵糰（japonais）。以這種麵糰烘烤而成的點心，稱作夾心杏仁甜餅（japonais）。不過在日本，通常被稱作達克瓦滋（dacquoise），或者杏仁甜餅（succès）。雖然這種餅單吃就有濃郁的香氣，但夾入奶油等餡料又是另一番滋味。接下來要製作的，是夾入杏桃口味杏仁糖（marzipan）的三層夾心杏仁甜餅，大家和我一起來試試吧！

材料（直徑 16 公分，1 個份量）

杏仁甜餅麵糰
- 蛋白 100 克
- 糖粉 60 克
- 杏仁粉 60 克
- 低筋麵粉 10 克

杏桃口味的杏仁糖夾餡
- 精緻杏仁糖（rohmarzipan） 80 克
- 杏桃果醬 約 100 克
- 檸檬汁 適量
- 喜歡的香甜酒 適量

甜味調溫巧克力（參照 p.95） 20 克

糖粉 適量

◆預備動作

・ 準備盛裝麵糊的烤盤。取 3 張烤盤紙，在每張紙的反面畫一個直徑 16 公分的圓，在圓的中心點做記號，然後蓋在烤盤上。

・ 將直徑 0.8 公分的圓形擠花嘴裝入擠花袋中。

・ 將杏仁粉和麵粉混合後過篩，備用。

・ 烤箱以 150℃預熱。

什麼是杏仁甜餅麵糰？

「就是達克瓦滋麵糰」

製作杏仁甜餅麵糰

1. 參照 p.38，將糖粉分成約 5 次加入蛋白中，打成堅硬的蛋白霜，再加入已過篩的粉類，用橡皮刮刀以切拌的方式，混合至看不到粉粒（照片 **A**）。

2. 將做法 **1.** 倒入擠花袋中，在準備好的烤盤紙上，從中間記號處開始擠出漩渦狀的圓形麵糰，一共製作 3 片（照片 **B**）。

3. 以小的濾茶器把糖粉篩在麵糰的表面（照片 **C**），等到糖粉融化之後再一次篩入糖粉。

降低溫度烘烤

4. 將麵糰放入烤箱，先以 150℃烘烤幾分鐘，等烤到有點上色再調降溫度至約 100℃，烘烤至麵糰中間乾掉。

5. 取出烤好的杏仁甜餅，放在網架上放涼。

製作杏仁糖夾餡

6. 用手揉搓杏仁糖，等杏仁糖變軟後放入鋼盆中，一點一點地加入杏桃果醬，以刮刀把糖和果醬拌開（照片 **D**），然後加入檸檬汁和香甜酒混合。

7. 將杏仁糖夾餡塗抹在做法 **5.** 上面，撒上切碎的巧克力，依序重疊好 3 片杏仁甜餅（照片 **E**～**F**）。

8. 將糖粉撒在杏仁甜餅表面裝飾。這款點心，不管是立刻享用的酥脆口感，或者放了一段時間後再品嘗的濕潤口感，都很好吃，不妨多做幾個，試著品嘗看看它的不同風味。

費南雪

大家所熟知的費南雪蛋糕（financier），是一款在配方中完全沒有蛋黃，僅用蛋白就能做成的烘烤點心。而它美味的關鍵，在於把焦化奶油加入大量杏仁粉後產生的特殊香氣和風味。

加入蛋白的方法有2種：打發一部份的蛋白後加入，或是直接加入蛋白。如果用第一種方法，也就是加入打發蛋白的話，成品的口感更為清爽。

費南雪（在法文中是金融家的意思），有著和金條相似的外型而得名。不過即使沒有專用的模型，也能做成可隨手拿取的形狀。

在這裡，我把「打發一部份的蛋白後加入」的方法做成的麵糊，分別倒入費南雪專用模型和小船模型中，「直接加入蛋白」的方法做成的麵糊則倒入圓形塔模中，再放入烤箱烘烤。

如何讓費南雪散發濃郁的香氣？

「加入焦化奶油來增添風味吧！」

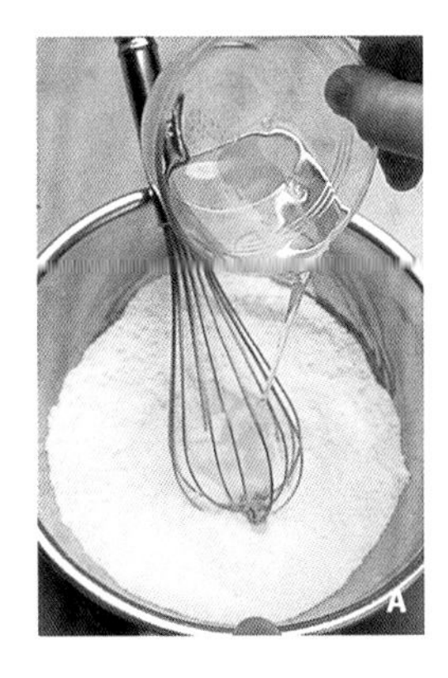
A

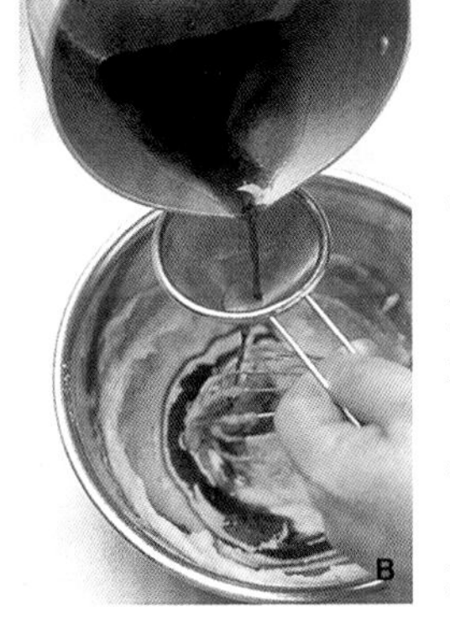
B

C

D

■打發一部份的蛋白

材料（8.5×4.5 公分的費南雪專用模型，或 10 公分的小船模型，約 15 個份量）
杏仁粉 70 克
糖粉 40 克
低筋麵粉 20 克
蛋白 40 克
檸檬皮屑 1 顆份量
蘭姆酒 1 大匙
無鹽奶油 80 克
蛋白霜
- 蛋白 30 克
- 糖粉 20 克

◆預備動作

・模型中塗抹奶油（材料量以外），放入冰箱冷藏後再撒高筋麵粉（材料量以外），抖落多餘的麵粉。
・將杏仁粉和糖粉、低筋麵粉混合後過篩，備用。
・將直徑 1 公分的圓形擠花嘴裝入擠花袋中。
・烤箱以 170 ～ 180℃預熱。

製作麵糊

1. 將已過篩的粉類倒入鋼盆中，加入 40 克的蛋白、檸檬皮屑和蘭姆酒，以打蛋器充分混合拌勻（照片 **A**）。
2. 製作焦化奶油。將奶油倒入單柄鍋中，以中火加熱，剛開始奶油會融化起泡，接著消泡開始出現些微焦色，等到變成像深色蘭姆酒般的焦褐色，在鍋底墊一盆水避免焦底。
3. 煮焦的奶油用細目小篩網過濾，直接加入做法 **1.** 中，混合均勻（照片 **B**）。
4. 參照 p.38，將 30 克的蛋白倒入鋼盆中，分 4 ～ 5 次加入糖粉。打成堅硬的蛋白霜。
5. 取 1/3 量的蛋白霜加入做法 **3.** 中混合（照片 **C**），然後再加入剩下的蛋白霜，用打蛋器混合拌勻成麵糊。

烘烤

6. 將麵糊倒入擠花袋中，擠入模型中（照片 **D**），放入烤箱，以 170 ～ 180℃烘烤約 25 分鐘。

■不用打發蛋白

材料（直徑 5.5 公分的圓形塔模，18 個份量）
杏仁粉 100 克
糖粉 130 克
低筋麵粉 40 克
蛋白 100 克
檸檬皮屑 1 顆份量
蘭姆酒 1 大匙
無鹽奶油 100 克

做法

參照左邊「打發一部份的蛋白」的做法，在做法 **1.** 中加入所有的蛋白做成麵糊，然後一樣將麵糊擠在烤盤上，放入烤箱烘烤。

馬卡龍

在歐洲，馬卡龍（macaron，又叫杏仁蛋白小圓餅）的歷史可以追溯到19世紀，算是一款有歷史的點心，種類更是五花八門。雖然說用蛋白、砂糖和杏仁粉製作是最基本的做法，但是只用蛋白打發成蛋白霜，同樣能做出款式多變的美味馬卡龍。另外，烘烤方式的差異，也使得馬卡龍的內部呈現酥脆，或者略微濕潤的不同風味。

據說馬卡龍最初的發源地是在義大利，之後傳到法國，在各地修道會的修女之間廣為製作，其中又以洛林地區（Lorraine）南錫（Nancy）的馬卡龍最有名。當時的馬卡龍外型如同一個大的扁圓盤，表面有著裂紋，散發出獨特的香氣。不過，近年來台灣、日本流行的馬卡龍，是外殼平滑，內部濕潤且稍有黏性的變化款巴黎馬卡龍，必須擁有更純熟的技巧才能做得出來。接下來，我要介紹3種在家裡就可以輕鬆完成的馬卡龍。

第一種，是將杏仁粉和糖粉加入蛋白霜中，以擠花袋擠成小圓形或條狀，只要放入烤箱以低溫烘乾內部（中間）就能成功的馬卡龍。

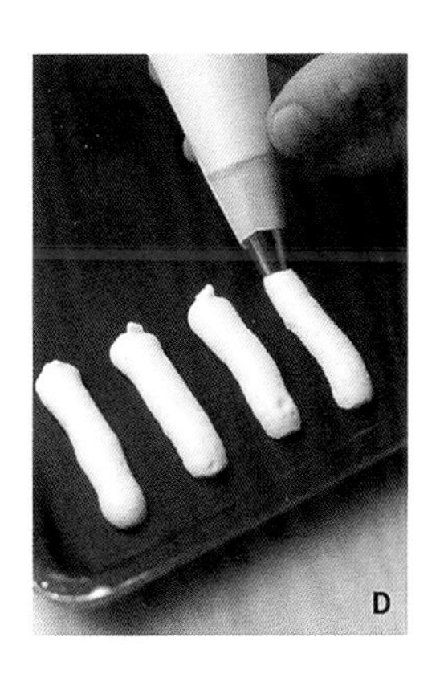

材料

蛋白霜

- 蛋白 60 克
- 砂糖 20 克

杏仁粉 50 克

糖粉 50 克

杏仁粒 80 克

＊這個材料的份量，可製作直徑 2.5 公分的小圓餅約 70 個，5 公分的長條約 60 條。

◆預備動作

・參照 p.94 準備好烤盤。

・將杏仁粉過篩，然後和糖粉混合。

・將擠花嘴裝入擠花袋中（小圓餅的話用直徑 1 公分，長條的話用直徑 0.8 公分的的圓形擠花嘴）。

・烤箱以 160℃預熱。

製作麵糊，用擠花袋擠出

1. 參照 p.38，將砂糖一點一點地加入蛋白中，打成堅硬的蛋白霜。分 2 次加入已經混合好的粉類，以刮刀拌合至看不到粉類的顆粒（照片 **A ～ B**）。

2. 將做法 **1.** 的麵糊倒入擠花袋中，擠在烤盤上（照片 **C ～ D**）。

撒上杏仁粒後烘烤

3. 撒入多一點杏仁粒，稍微將烤盤傾斜，抖落多餘的杏仁粒（照片 **E ～ F**）。

4. 放入烤箱，以 160℃烤幾分鐘，等稍微烤上色以後，將溫度調降至 130℃，繼續烤 30 ～ 40 分鐘，烤至麵糊中間乾了即可。

如何製作風味多變的馬卡龍點心？

「只要稍微改變加入蛋白，以及烘烤的方法，你也能創作出風味多變的馬卡龍！」

馬卡龍的變化款點心

義式杏仁蛋白小圓餅

接下來的這一款義式杏仁蛋白小圓餅（amaretto），也就是義大利的馬卡龍，最大的特點是外脆內軟。製作時，直接加入蛋白不需打發，拌成一個麵糊。麵糊放入烤箱稍微烤到表面有點乾時，用手指捏出星星的形狀，就變成造型可愛的小點心了。

材料（直徑 4.5 公分，約 25 個份量）
杏仁粉 100 克
砂糖 110 克
蛋白 50 ～ 60 克
苦杏香精油（bitter almond essence）少許
糖粉 適量
*本來打算用杏桃仁，但臨時買不到，所以將少許苦杏香精油（bitter almond essence）加入杏仁粉中增添香氣。

◆預備動作

- 在烤盤上鋪好烤盤紙（使用氟素樹脂加工的烤盤也要鋪紙）。
- 將杏仁粉過篩備用。
- 將直徑 1.5 公分的圓形擠花嘴裝入擠花袋中。
- 烤箱以 180 ～ 200℃預熱。

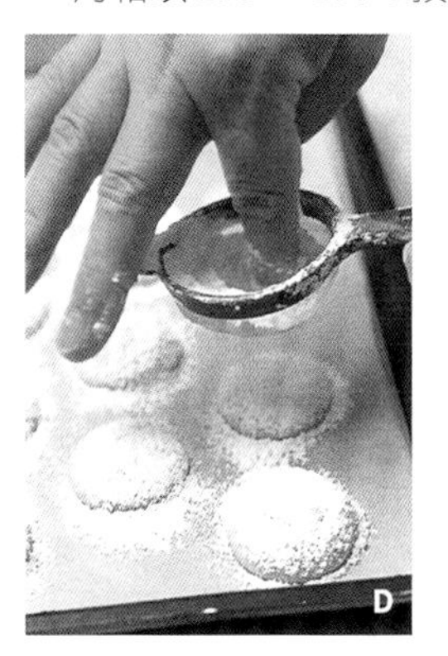
D

A

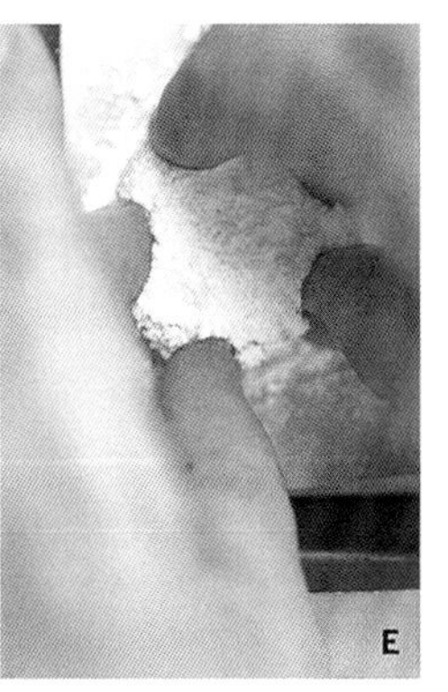
E

B

F

C

利用蛋白調整硬度，做出麵糊

1. 將杏仁粉和砂糖倒入鋼盆中，以打蛋器混合拌勻。

2. 將蛋白和苦杏香精油倒入做法 **1.** 中，混合拌勻（照片 **A**）。這時的麵糊還太稀，所以要一點一點地加入少量的蛋白混合，拌至像照片中的濃稠度（照片 **B**）。

3. 將做法 **2.** 的麵糊倒入擠花袋中，以間隔排列的方式擠在烤盤上，擠成大約直徑 4 公分的小圓麵糊。（照片 **C**）

烘烤 1 ～ 2 分鐘，用手指整型

4. 等小圓麵糊的表面稍微乾了，篩入大量的糖粉（照片 **D**），放入烤箱，以 180 ～ 200℃烤 1 ～ 2 分鐘，烤到表面乾了。

5. 從烤箱取出，用手指把每一個麵糊邊緣往內捏入，整型成星星的形狀（照片 **E** ～ **F**）。

6. 再放入烤箱，以 180 ～ 200℃烤約 15 分鐘，烤至內部較鬆軟。

馬卡龍的變化款點心

可頌&朝鮮薊形狀

發揮想像力，試著將馬卡龍的外表做成彎月形和圓椎形，看起來像是可頌麵包和朝鮮薊的點心吧！製作時，直接加入蛋白不需打發，拌成一個麵糰，再用手隨意整型成自己喜歡的形狀，然後放入烤箱，如果以低溫烘烤到中間乾了的話，外層會比較堅硬；但若以短時間高溫烘烤的話，則口感偏濕黏。所以，可以隨個人的喜好，選擇烘烤的方式。

材料（各 11 個份量）
杏仁粉 100 克
糖粉 100 克
蛋白 20 ～ 25 克
苦杏香精油 少許
整顆的杏仁 約 17 顆
松子 約 25 克

◆預備動作

・準備剝除杏仁的外皮。將杏仁放入滾水中浸泡，等水變涼取出剝掉外皮，然後放入烤箱中以低溫烘烤至乾燥，取出將每一個杏仁切成對半。
・參照 p.94 準備好烤盤。
・將杏仁粉過篩備用。
・烤箱以 150 ～ 160℃預熱。

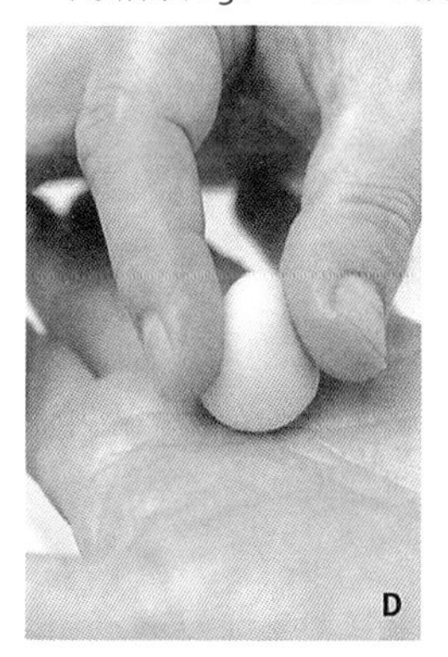
D

A

E

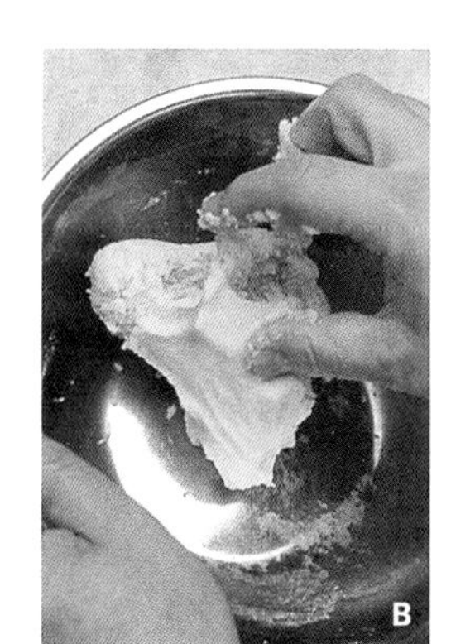
B

F

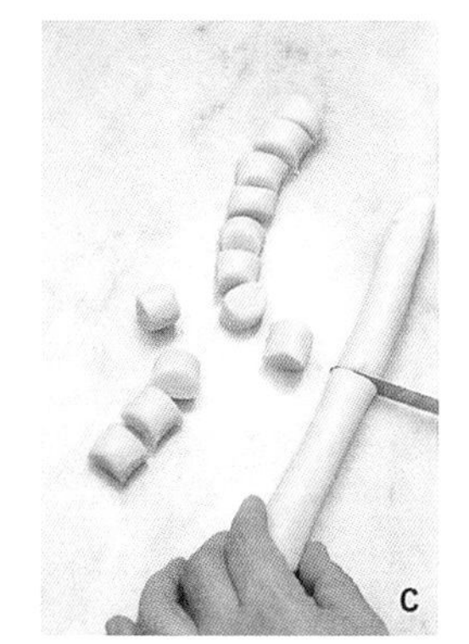
C

製作麵糰並整型

1. 將杏仁粉倒入鋼盆中，放入糖粉混合拌勻。
2. 將蛋白和苦杏香精油倒入做法 **1.** 中，混合拌勻（照片 **A**）。接著加入蛋白時不要一次全部倒入，邊觀察麵糰的硬度邊少量加入蛋白，剛開始用刮刀混合，然後用手整成稍微濕潤，但不黏稠的麵糰（照片 **B**）。
3. 將整個麵糰放到工作枱上，用手滾動成長圓棒狀，再切割成 22 等分（照片 **C**），然後用手分別將每個小麵糰整型成彎月形和圓椎形（照片 **D**）。

壓入堅果後烘烤

4. 將杏仁沾取少量的蛋白（材料量以外），黏壓入圓錐形麵糰的表面。再把松子倒入淺平盤中，放入彎月形麵糰，以滾動的方式讓麵糰沾黏到松子，然後稍微整型（照片 **E**）。
5. 將做法 **4.** 的麵糰排入烤盤中（照片 **F**），放入烤箱，先以 150 ～ 160℃烤幾分鐘，再調降爐溫至 120 ～ 130℃烤約 30 分鐘，烤到像右邊照片中那樣內部口感酥脆的點心。
＊如果喜歡內部較濕潤的口感，需改成以 180 ～ 200℃的溫度烤約 10 分鐘。

舒芙蕾

瞬間膨脹變大、出爐時熱騰騰的美味，是舒芙蕾（soufflé）和其他甜點最大的不同。常聽到很多人在製作過程中發生「糟糕，塌陷了！」或者「咦？怎麼不會膨脹？」的窘狀，所以給人做法很難的印象。其實只要蛋白霜打發得夠堅硬，舒芙蕾就能充分膨脹，不會塌陷。一般的做法是將蛋白霜加入卡士達醬中拌勻成麵糊，然後再入烤箱烘烤而已，我則在這裡的基本款舒芙蕾中，加入了覆盆子。

選擇模型容器時，如果家裡面沒有舒芙蕾專用模型也沒關係，可以使用比較淺且寬口的焗烤盤，用這種容器麵糊反而受熱更快，烘烤到的面積也會增加，成品香氣更濃郁。

我的舒芙蕾塌陷了怎麼辦？

「只要製作出堅硬、穩定的蛋白霜就能解決」

覆盆子舒芙蕾，做法參照 p.64。

■覆盆子舒芙蕾

材料（1,000 毫升的耐熱容器，1 盤份量）

卡士達醬
- 牛奶 250 毫升
- 香草莢 1/2 根
- 砂糖 50 克
- 低筋麵粉 40 克
- 蛋黃 4 顆份量
- 無鹽奶油 1 大匙
- 喜歡的香甜酒 適量

蛋白霜
- 蛋白 4 顆份量
- 糖粉 30 克

冷凍覆盆子 80 克
砂糖 適量
裝飾用糖粉 適量

◆預備動作

・在耐熱容器的內側塗抹奶油（材料量以外），均勻撒入砂糖，隨意撒入覆盆子，再撒一次砂糖。

・容器用水弄濕，放入整顆沒有打破的蛋黃（如果把蛋黃放入乾的容器中的話，蛋黃會黏在容器上）。

・烤箱以 200℃預熱

D

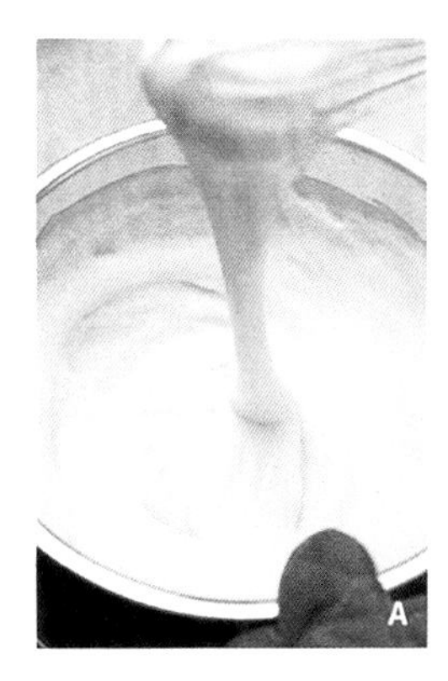

A

E

B

C

製作卡士達醬

1. 將牛奶倒入小鍋子裡面，香草莢剖開，刮出裡面的香草籽，連同香草莢一起放入，以小火加熱。等牛奶稍微煮滾後離火，放在一旁冷卻到約 50℃。

2. 將砂糖、低筋麵粉倒入鋼盆中充分拌勻，然後倒入做法 **1.** 的牛奶中，以打蛋器充分拌合至完全溶化。

3. 將做法 **2.** 以濾茶器篩入比較厚的不鏽鋼盆中。

4. 將做法 **3.** 的鋼盆放在爐火上，以中火加熱，一邊用打蛋器持續攪拌以避免煮焦，同時拌合至滑順且看不到粉粒，煮到醬汁呈現出光澤（照片 **A**）。

5. 鋼盆離火，加入蛋黃立刻攪拌混合，然後將鋼盆放回爐火上，煮大約 1 分鐘到蛋黃熟了（照片 **B**）。

6. 鋼盆離火，加入奶油、香甜酒拌勻，包上一層保鮮膜以免醬汁乾掉。

混合蛋白霜和卡士達醬

7. 參照 p.38，將糖粉分成 5 次加入蛋白，攪打成堅硬的蛋白霜。以打蛋器將卡士達醬充分拌軟，加入 1/3 量的蛋白霜，再以打蛋器拌勻（照片 **C**）。

8. 加入剩下的蛋白霜，等攪拌均勻後倒入準備好的耐熱容器中（照片 D）。

將熱水倒入烤盤中烘烤

9. 將做法 **8.** 放入烤盤上，從烤盤的邊緣倒入約 2 公分高的熱水，放入烤箱，以 200℃隔水加熱蒸烤。在烤的過程中，當麵糊充分膨脹時，打開烤箱趕緊將糖粉撒在表面上，再放回烤箱（照片 **E**）繼續烤，全程約烤 30 分鐘。

●要烤多久的時間才可以？

即使麵糊份量相同，但依模型容器的形狀，烘烤所需的時間略有差異。只要烤到麵糊都膨脹起來，就算是烤好了。如果還有點濕黏，就表示烤的時間不夠。

起司舒芙蕾

在這裡，我要介紹一款特別的起司舒芙蕾。
這道舒芙蕾料理，是將打發的蛋白霜加入
法式奶油白醬（sauce béchamel）中製作而成。

材料（900 毫升的舒芙蕾模型，1 個份量）

法式奶油白醬
- 無鹽奶油 50 克
- 紅蔥碎（échalote）或洋蔥碎 20 克
- 低筋麵粉 25 克
- 牛奶 200 毫升
- 鹽 1/3 小匙
- 胡椒、肉荳蔻 各少許
- 鮮奶油 50 毫升

蛋黃 4 顆份量
葛瑞爾起司（gruyère cheese）刨絲 100 克
巴西里末 適量
- 蛋白 4 顆份量
- 鹽 1 小撮

裝飾用葛瑞爾起司刨絲 20 克

◆預備動作
- 在舒芙蕾模型的內側塗抹奶油（材料量以外）。
- 容器用水弄濕，放入整顆沒有打破的蛋黃（如果把蛋黃放入乾的容器中的話，蛋黃會黏在容器上）。
- 烤箱以 200℃預熱

A

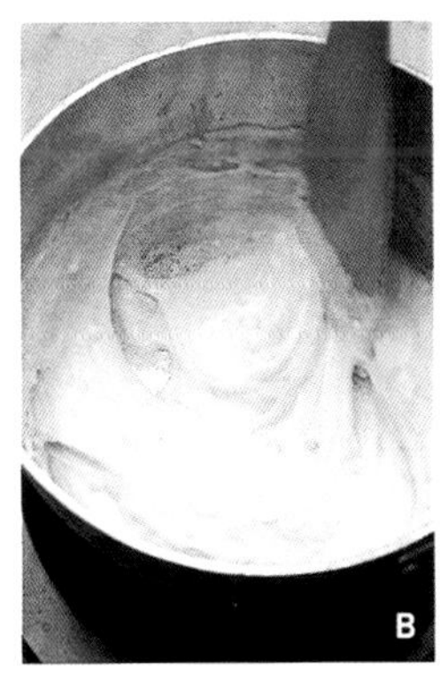
B

C

D

製作法式奶油白醬

1. 奶油倒入鍋中，以小火加熱融化，加入紅蔥碎稍微炒，小心不要炒焦。
2. 等紅蔥碎變柔軟，加入低筋麵粉，以木匙一邊攪拌一邊充分拌炒，不要炒焦。鍋子離火，倒入全部的冰牛奶，以打蛋器快速攪拌至柔滑的狀態（照片 **A**）。
3. 鍋子再次加熱，用木匙像要從鍋底翻拌攪拌幾分鐘（照片 **B**），等煮到濃稠狀且沒有麵粉的味道時，加入鹽、胡椒和肉荳蔻調味，再倒入鮮奶油。
4. 鍋子離火，趕緊加入蛋黃攪拌，再加入起司、巴西里混合，包上一層保鮮膜以免醬汁乾掉。

蛋白打發後加入，烘烤

5. 將蛋白倒入鋼盆中，加入鹽，用手持電動攪拌器打發成堅硬的蛋白霜。注意這裡因為沒有加入糖，如果打發過頭的話，會變成一糰糰鬆散的泡沫。
6. 做法 **4.** 的醬汁冷卻的話，可再次加熱至呈柔滑狀。然後加入 1/3 量做法 **5.** 的蛋白霜，攪拌均勻。接著加入剩下的蛋白霜攪拌均勻，倒入模型中，在表面撒入起司（做法 **C** ～ **D**）。
7. 將模型放入烤盤上，從烤盤的邊緣倒入約烤盤 2 公分高的熱水，放入烤箱，以 200℃隔水加熱蒸烤約 30 分鐘，烤至麵糊的表面適當上色。

果凍、芭芭露亞等冰涼的點心

接下來我要介紹的點心是使用吉利丁製作，像是果凍、芭芭露亞（bavarois）、慕斯（mousse）、起司蛋糕這類冰涼的點心，大家可以參照基本做法試試看！

薑汁果凍，做法參照 p.69

第一步，從果凍開始

我們可以把薑汁果凍液和芒果果凍液倒入大型的容器中，放至冷卻且凝固，就變成果凍囉！薑汁果凍的口感比較柔軟，而芒果果凍則稍微硬一點。在容器的選擇上，小模型同樣也可以使用。

芒果果凍，做法參照 p.69

吉利丁的基本用法

果凍和芭芭露亞的做法很簡單，若能多加瞭解吉利丁（gelatin）的特性和用法，更能輕易做出美味升級版的點心。
我將吉利丁的基本用法歸納出來，希望讓大家容易理解。

●不能用熱水讓吉利丁粉膨脹嗎？
基本上吉利丁粉需泡水，使粉末吸收足夠的水分後膨脹再使用，但使用熱水的話，會變成粉末周圍已經吸飽了水分但中間無法吸到，所以不可以使用熱水。在這本食譜中，我大多用白酒代替水泡，不僅可以去掉吉利丁的腥臭味，更能增添風味。

●為什麼添加吉利丁的方法有那麼多種？
膨脹後的吉利丁的添加方法，會依要加入的液體的溫度有所差別。
・ 可以直接加入：要加入的液體不需煮到沸騰，只要大約 50℃就能完全溶解。
・ 隔水加熱至融化後再加入：如果要加入 20℃以上的液體的話，可以直接加入隔水加熱融化的吉利丁，但如果液體是 15℃以下的話，就算是融化也很難混合，所以必須先取一部份的液體和融化的吉利丁混合，稀釋吉利丁的濃度後再加入（像 p.69 的芒果果凍、p.73 的草莓芭芭露亞就是這樣的例子）。

●如何融化已經膨脹的吉利丁？
雖然可以用微波爐來融化，但如果真的使用微波爐的話，很容易加熱過度沸騰而溢出來，建議最好是用隔水加熱的方式融化。

●如何才能改變果凍的軟硬和甜度？
建議一開始先按照食譜的配方比例製作，等熟練之後再依自己的喜好調整。剛開始嘗試調整時，吉利丁的份量建議用液體的 2%為基準，也就是從漸漸改變濃度著手。
以我個人的喜好來說，想吃軟嫩口感時就加入 2%，想品嘗稍微硬一點的口感就加入 3%。
此外，在甜度上，通常凝固之後甜味會降低，如果喜歡甜一點的話，可以稍微調整一下甜度。

●吉利丁和寒天有什麼差別？
吉利丁和寒天都是可以將液體凝結成固體的凝固劑，但不同於以海藻類為原料的寒天，吉利丁是從動物的骨頭、軟骨、筋和皮等含有膠原蛋白的組織提煉出來的。
此外，吉利丁具有在 25 ～ 30℃會溶化的特性，所以點心能夠入口即化，而寒天有脆脆的口感，但無法在口中融化。

●吉利丁片和吉利丁粉哪一種比較好？
為了方便量取份量，我在這本食譜中都是使用吉利丁粉。不過目前市面上推出很多品牌的吉利丁粉，每一個廠牌的商品凝固的方式會有所差異，建議大家使用前要先瞭解使用方法再操作。

●為什麼吉利丁無法完全溶解？
使用吉利丁的成敗關鍵，是必須事先泡水，使吉利丁粉末或片吸收足夠的水分後膨脹。如果吉利丁無法充分吸水後膨脹，就無法完全溶解。
首先，必須把吉利丁粉撒入水中浸泡（吉利丁 3 倍以上的水量）。相反地，如果是先把吉利丁粉放入容器中再倒入水的話，吉利丁粉可能會飛濺到容器外，或者吸水不平均。
所以，如果發現吉利丁粉沒有充分浸泡到水，可以用小型打蛋器攪拌，拌至下面照片那樣狀態，確保全部的吉利丁粉都有吸到水分（時間則依品牌略有差異）。

充分吸到水分的吉利丁粉。

將吉利丁粉撒入水或者白酒中。

果凍

■薑汁果凍

味道清爽的薑汁風味果凍，是最推薦給大家的基本款果凍點心。它的做法非常簡單，只要將泡水膨脹了的吉利丁粉加入薑汁液中就完成了。配方中的吉利丁粉濃度是2%，成品口感軟嫩美味。

A

材料（600 毫升的模型杯，1 杯份量）

薄薑片 50 克

{吉利丁粉 略少於 1 大匙（大約 8 克）
白酒 3 大匙}

水 300 毫升

白酒 60 毫升

檸檬汁 30 毫升

砂糖 100 克

B

◆預備動作

・將吉利丁粉撒入白酒中，泡至膨脹。

直接加入吉利丁

1. 將 300 毫升的水、白酒、檸檬汁和砂糖倒入小鍋，加入薄薑片，以小火加熱，煮至砂糖溶化且沸騰，熄火（照片 **A**）。

2. 直接放入泡軟膨脹的吉利丁，使其溶化（照片 **B**）。

3. 將小鍋子的果凍液以濾網過濾到鋼盆中，放至冷卻（照片 **C**），倒入模型杯中，放入冰箱冷藏，使果凍液冷卻凝固。

C

■芒果果凍

這是一道以芒果果肉做成的果凍。我試著在擁有獨特風味的芒果汁液中，加入了濃度3%的吉利丁粉，所以成品的口感會略硬。吉利丁粉則以隔水加熱的方式融化後再加入液體。

A

材料（600 毫升的模型杯，1 杯份量）

芒果果肉 400 克

{吉利丁粉 1 1/3 大匙（12 克）
白酒 4 大匙}

砂糖 80 克

檸檬汁 30 毫升

喜歡的香甜酒 適量

＊這裡是將冷凍芒果解凍後使用。如果要使用新鮮芒果，盡量選擇比較熟的芒果，削除外皮去掉果核後，取 400 克的果肉使用。

B

◆預備動作

・將吉利丁粉撒入白酒中，泡至膨脹。

吉利丁隔水加熱後倒入

1. 將芒果放入食物調理機或果汁機中，攪打成芒果泥（照片 **A**）。

2. 將做法 **1.** 倒入小鍋，加入砂糖、檸檬汁和香甜酒，充分拌勻。

＊如果使用冷凍芒果，攪打好的芒果泥必須降到常溫再操作，太冰的話吉利丁比較不容易混合均勻，會結塊。

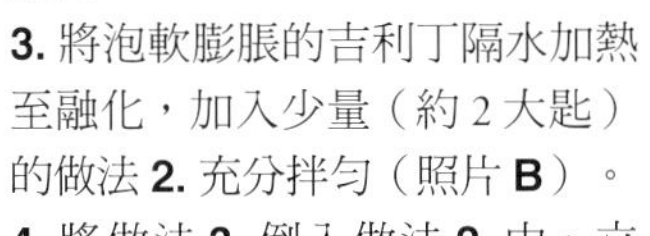

3. 將泡軟膨脹的吉利丁隔水加熱至融化，加入少量（約 2 大匙）的做法 **2.** 充分拌勻（照片 **B**）。

4. 將做法 **3.** 倒入做法 **2.** 中，立刻攪拌混合（照片 **C**），然後倒入模型杯中，放入冰箱冷藏，使果凍液冷卻凝固。

C

芭芭露亞

芭芭露亞（bavarois）的做法大致可以分成2種：一種是以安格斯醬（crème anglaise，英式奶油醬）為基底液，另一種則是以水果泥為基底液製作。

常常聽到「芭芭露亞和慕斯有什麼不同？」這樣的問題，其實只要是口感輕柔綿密、軟滑的點心，通通可以叫作慕斯，所以芭芭露亞也是慕斯點心的一種。至於芭芭露亞這名稱的由來，相傳是因為發源自德國巴伐利亞（Bayern，英文是Bavaria）地區，才有這個名字。

安格斯醬芭芭露亞，做法參照 p.72

芭芭露亞的基本做法有哪些？

「基本做法有2種。
就是以安格斯醬為基底液，
還有以水果泥為基底液
的做法。」

草莓芭芭露亞，做法參照 p.73

■安格斯醬芭芭露亞

這是一道將吉利丁和鮮奶油加入以牛奶、蛋黃、砂糖製成的安格斯醬（卡士達醬）中做成的點心。試著將咖啡、紅茶、巧克力等加入安格斯醬中，變化基底醬的口味，也可以搭配糖煮洋梨、杏桃、新鮮草莓和香蕉等水果做簡單的裝飾。

另外，稍微改變配方的比例後放入冰箱冷凍，就變成了冰淇淋囉！

A

B

C

D

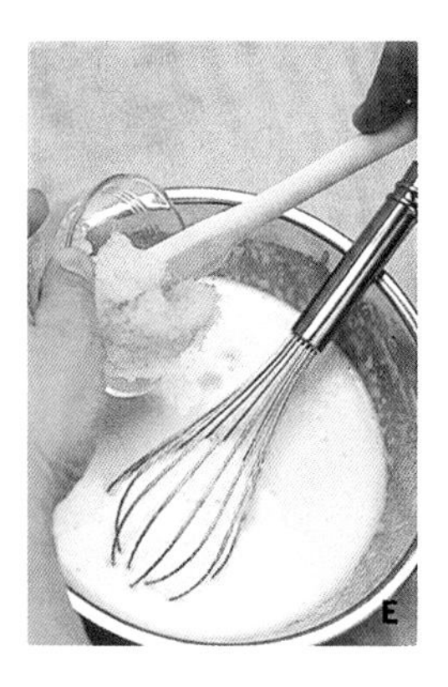

E

F

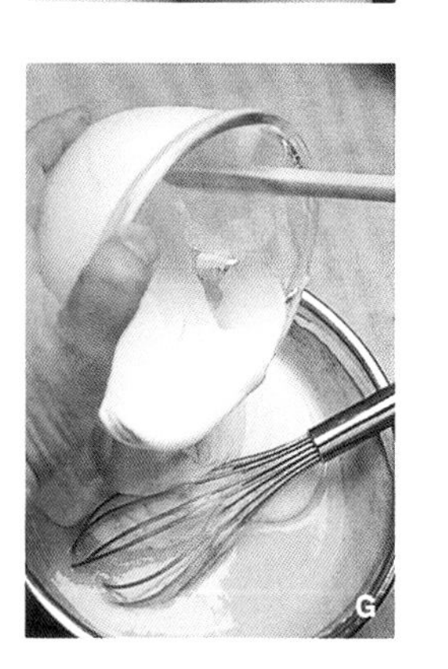

G

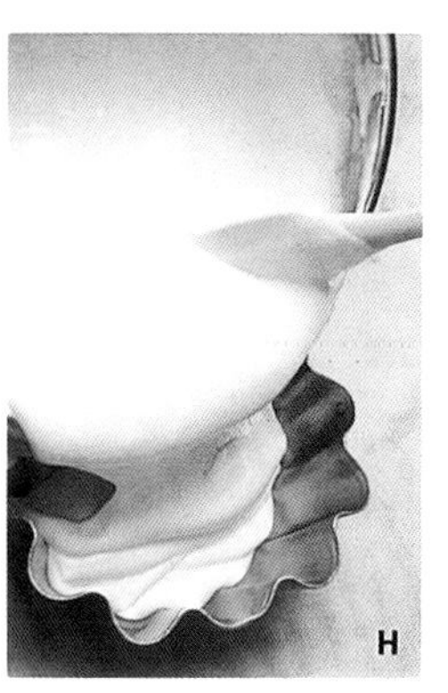

H

材料（約 700 毫升的果凍模型，1 個份量）

{吉利丁粉 1 大匙
{白酒 3 大匙

蛋黃 3 顆份量
砂糖 100 克
牛奶 200 毫升
香草莢 1/2 根
喜歡的香甜酒 1 大匙
鮮奶油 200 毫升

◆預備動作

・將吉利丁粉撒入白酒中，泡至膨脹。

製作安格斯醬

1. 將蛋黃、砂糖倒入鋼盆中，立刻以攪拌器充分攪拌，攪拌至顏色稍微變白、體積膨脹（照片 **A**～**B**）。

＊這個階段如果不充分攪拌的話，蛋黃會出現一顆一顆的小顆粒。

2. 將牛奶倒入小鍋，香草莢剖開，刮出裡面的香草籽，連同香草莢一起放入，以小火加熱至散發出香氣，煮滾後一點一點地加入做法 **1.** 並攪散（照片 **C**），取出香草莢。

3. 這時候的蛋黃還是生的，所以將整鍋隔著 80℃的熱水，以打蛋器不停地攪拌，直到拌成些許濃稠狀（照片 **D**）。

＊不要加熱過度以免蛋黃會凝固。

加入吉利丁、鮮奶油拌勻，倒入模型

4. 將鋼盆離開底部的熱水鍋，趁還熱的時候，加入膨脹了的吉利丁混合，使它溶化（照片 **E**）。接著加入香甜酒混合，在鋼盆底下墊一盆冰水，一邊攪拌成均勻濃稠狀。

5. 拌成照片中的狀態（照片 **F**）。

6. 將打發的柔滑鮮奶油倒入做法 **5.** 中混合拌勻（照片 **G**）。

7. 將模型弄濕，倒入做法 **6.**，放入冰箱冷藏冷卻凝固（照片 **H**）。脫膜的方法可以參照 p.73 的做法 **6.**。

●如何混合均勻？

在芭芭露亞和慕斯的做法中，常說到「放入吉利丁，打發成像鮮奶油一樣的黏稠度」，但光說「一樣的黏稠」也不一定就能均勻地混合。因為鮮奶油很輕，如果黏稠度不足就會分離成二層，但太過黏稠也不行。總之，不論哪一種都要像步驟照片般，打發成「最佳黏稠度」的狀態。如果太過黏稠時，就趕緊在碗底準備好熱水，調整濃稠度。

此外，若鮮奶油沒有打發就加入，會像奶酪一樣，變成密度過高的芭芭露亞。而打發過度，打入太多空氣會喪失柔軟度，造成粗糙不平。

■草莓芭芭露亞

另外一種芭芭露亞的基本做法，是在水果泥中加入砂糖、吉利丁和鮮奶油，也有人會加入蛋黃，讓味道更濃純。接下來，我要介紹的是最具代表性的水果芭芭露亞——草莓芭芭露亞。配方中的砂糖和檸檬汁的份量，可依草莓的甜度做調整。吉利丁隔水加熱融化後先與少量水果液混合，再倒入和全部水果液混合。

A

E

B

F

材料

（約 1,000 毫升的果凍模型，1 個份量）

草莓 400 克

{吉利丁粉 1½ 大匙
白酒 70 毫升

砂糖 150 克

檸檬汁 約 1 大匙

喜歡的香甜酒 1 大匙

鮮奶油 200 毫升

◆預備動作

・將吉利丁粉撒入白酒中，泡至膨脹。

・草莓洗淨後擦乾水分，去掉蒂頭，每一個都切對半。

C

吉利丁隔水加熱後倒入

1. 將草莓放入食物調理機中，攪打成草莓泥，加入砂糖讓糖溶化，再加入檸檬汁和香甜酒（照片 **A**）。

2. 將泡軟膨脹的吉利丁隔水加熱至融化，加入少量（約 2 大匙）的做法 **1.** 仔細拌勻，使吉利丁液濃度下降，然後再倒回做法 **1.** 中拌勻（照片 **B**）。

D

加入鮮奶油，倒入模型

3. 在鋼盆底部墊一盆冰水，邊攪拌邊使其冷卻，攪拌成濃稠狀（照片 **C**）。

4. 將鮮奶油打發至濃稠狀，加入做法 **3.** 中拌勻（照片 **D**）。

5. 倒入模型杯中，放入冰箱冷藏，使打發好的鮮奶油冷卻凝固（照片 **E**）。

將水繞著模型流入，脫膜

6. 將水龍頭打開，流出一道細細的水柱，讓水柱流入模型和芭芭露亞中間的小細縫（照片 **F**）。將水繞著模型流入，最後芭芭露亞會浮起來。倒掉模型中多餘的水分，倒扣在稍微弄濕的平盤上面，完成脫膜。

●如何漂亮地脫膜？

當然也有人是將模型外側浸入熱水中來脫膜，不過這樣的話，好不容易完成的芭芭露亞的表面會融化。建議大家可以試著參照照片 F，讓細細的水柱流入芭芭露亞和模型間的小細縫，利用浮力讓芭芭露亞浮起來，然後以廚房用紙巾將多餘的水分吸乾。準備倒扣時，盤子上要稍微弄濕，以免倒扣的芭芭露亞黏在盤子上面。

●也可以用其他水果製作芭芭露亞嗎？

依照選擇的水果，事前的準備動作會有所差異。舉例來說：

覆盆子、芒果：直接將新鮮的水果攪打成水果泥。

鳳梨、木瓜、草莓：因為含有蛋白質分解酵素，直接使用的話會使吉利丁分解，失去凝結的功效，所以必須藉由加熱降低酵素的活性。

蘋果、香蕉：因為會變色，煮熟之後再攪打成泥狀。

杏桃：直接加入的話，水果味道會比較淡且酸度低，可以藉由加熱提高酸度，讓味道更濃郁。

慕斯

在法文中，慕斯（mousse）是泡沫的意思。就像在前面芭芭露亞的地方說過的那樣，所有口感輕柔綿密、軟滑的點心，都算是慕斯。

講到慕斯，很多人會聯想到蛋白霜，不過在慕斯類點心中，也有不需加入蛋白霜或吉利丁的，總之，有各式各樣的做法和種類。

例如巧克力慕斯，它是利用巧克力冷卻後會凝固的特性，即使沒有加入吉利丁也能做出慕斯般的質感。而法國人最喜歡的，是在甘那許中只加入蛋白霜的濃厚風味，不過我在這裡稍做了點改變，加入鮮奶油和牛奶，創作出一款口味比較清淡的點心。因為配方中加入了牛奶，光靠巧克力無法凝固，所以加入了一點吉利丁。此外，我還加入和巧克力很對味的香蕉，吃起來別有風味。

製作慕斯一定要加入吉利丁嗎？

「也有不需加入吉利丁就能完成的慕斯喔！」

■香蕉風味巧克力慕斯

材料（直徑 25 公分，容量約 600 毫升的容器，1 個份量）

甜味調溫巧克力（參照 p.95）120 克

- 吉利丁粉 1½ 小匙
- 白酒 1½ 大匙

牛奶 100 毫升

香草莢 1/3 根

香蕉（剝除外皮）100 克

蘭姆酒 1 大匙

鮮奶油 100 毫升

蛋白霜

- 蛋白 70 克
- 糖粉 40 克

＊建議選用菲律賓或中南美產的香蕉，台灣香蕉口味偏重，比較不適合用來製作慕斯、冰淇淋，或者加工做成烘焙點心。

◆預備動作

・將吉利丁粉撒入白酒中，泡至膨脹。

・巧克力切碎。

烹煮香蕉，攪打成泥狀

1. 將牛奶倒入小鍋子中，香草莢剖開，刮出裡面的香草籽，連同香草莢一起放入，接著加入香蕉片，以小火將香蕉煮到軟爛。取出香草莢，整鍋倒入食物調理機中打成香蕉泥。

香蕉泥加熱，倒入巧克力融化

2. 取 1/2 量做法 **1.** 的香蕉泥倒入鋼盆中，再次以小火加熱，熄火。然後加入全部的巧克力碎，融化至柔滑狀。

加入吉利丁、鮮奶油和蛋白霜

3. 趁做法 **2.** 還溫熱時加入吉利丁，混合拌勻，然後依序加入剩下的香蕉泥、蘭姆酒混合，下面墊一盆冰水，拌勻成濃稠狀。

4. 將鮮奶油攪打至像照片中的柔軟，加入做法 **3.** 中混合。

5. 參照 p.38，將糖粉分成 5 ～ 6 次加入蛋白中，攪打成堅硬的蛋白霜。將蛋白霜分 2 次加入做法 **4.** 中，以打蛋器混合成慕斯液。

6. 將慕斯液慢慢倒入模型中，將表面抹平，放入冰箱冷藏至冷卻。食用時再用湯匙挖取。

慕斯的變化款點心

焦糖慕斯沙瓦林

這一款法國傳統點心沙瓦林（savarin），是利用市售的布里歐修（brioche）搭配慕斯做成的。一般來說，沙瓦林是用鮮奶油香堤（crème chantilly）、卡士達醬霜飾，但我在這裡則夾入了大量的焦糖。蘭姆酒風味的沙瓦林與些微苦味的焦糖慕斯的組合，令人垂涎三尺。冰涼之後是最佳的賞味時刻。

此外，除了布里歐修，也可以改用葡萄乾小麵包（petit pan）製作。

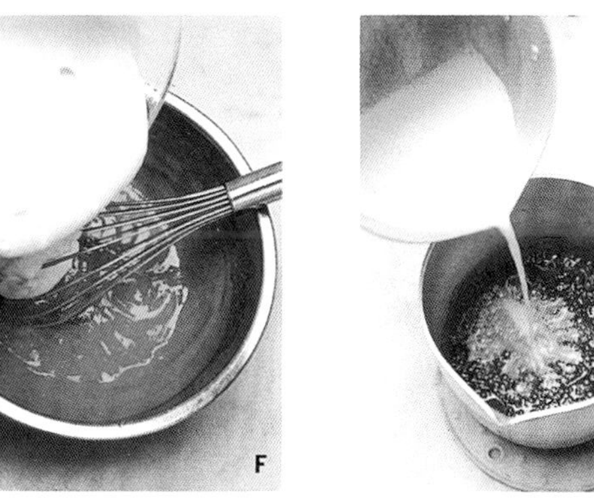

可以用慕斯做蛋糕嗎？

「利用市售的布里歐修就能輕鬆做蛋糕囉！」

材料（10 個份量）

布里歐修 10 個

糖漿

- 稀釋的沖泡紅茶 400 毫升
- 砂糖 200 克
- 蘭姆酒 80 ～ 100 毫升
- 檸檬汁 30 ～ 40 毫升

焦糖慕斯

- 吉利丁粉 2 小匙
- 白酒 2 大匙
- 牛奶 140 毫升
- 蛋黃 2 顆份量
- 焦糖
  - 砂糖 100 克
  - 水 少許
- 蘭姆酒 1 大匙
- 鮮奶油 140 毫升

杏桃果醬 適量

◆預備動作

・布里歐修的底部如果形狀不佳，可先稍微修整，然後橫剖成 2 部分。

・將慕斯塑膠片調整成符合布里歐修大小的圓形。

・將吉利丁粉撒入白酒中，泡至膨脹。

讓布里歐修吸糖漿

1. 將砂糖放入紅茶中溶解，加入蘭姆酒、檸檬汁混合成糖漿。

2. 趁糖漿溫熱時，將布里歐修的下半部浸入糖漿，充分吸取糖漿（照片 **A**）。然後裝入調整好的塑膠片中，放入冰箱冷卻。

＊準備好慕斯以後，再把布里歐修的上半部浸入糖漿，如果太早浸泡的話，會很快地變軟而難以操作。

製作焦糖慕斯，組合

3. 將牛奶倒入小鍋子中加熱，等溫度達到約 50℃時離火，加入蛋黃充分拌勻。以隔水加熱的方式保溫，以免冷卻。

4. 製作焦糖。取一個單柄鍋，倒入砂糖，用指尖撒入些許水，以中火加熱。加熱一會之後砂糖會從邊緣開始慢慢溶解，等全部漸漸變色（褐色）後，轉動鍋子使全部的砂糖顏色均勻。

5. 當快要煮到焦糖色之前，鍋子趕緊離火，利用餘熱使砂糖焦化，呈現深褐焦糖色。加入做法 **3.** 的牛奶（照片 **B**），以刮刀拌勻，讓黏在鍋底的焦糖完全溶化（照片 **C**）。

6. 趁焦糖漿還熱的時候，加入膨脹了的吉利丁混合（照片 **D**），完全拌勻後以篩網過篩，倒入鋼盆，加入蘭姆酒。

7. 在鋼盆底下墊一盆冰水，以刮刀攪拌至濃稠狀（照片 **E**）。

8. 將鮮奶油打發至柔軟，加入做法 **7.** 中拌勻（照片 **F**），分別舀入做法 **2.** 中布里歐修的上面（照片 **G**）。

9. 將上半部的布里歐修浸入糖漿，充分吸取糖漿，然後蓋在做法 **8.** 的上面，放入冰箱冷藏至凝固（照片 **H**），最後塗抹杏桃果醬即可。

●成功製作焦糖有秘訣嗎？

首先，剛開始加熱時完全不要移動，慢慢等待砂糖開始溶解。如果一開始就用刮刀攪拌的話，漸漸溶解的砂糖會再次產生結晶顆粒。當砂糖從邊緣開始慢慢溶解，漸漸變色（褐色）後，這時再轉動鍋子使全部的砂糖顏色均勻。

砂糖一變色，很快就會焦化，所以必須在即將要變成焦糖色之前，趕緊離火，利用餘熱調整焦化程度。

安茹白乳酪蛋糕

安茹白乳酪蛋糕（crémet d' anjou）是法國安茹（Anjou）地區最具代表性的傳統點心。它並不是利用吉利丁凝結，而是把乳酪、鮮奶油和蛋白霜加在一起，製成的不含水分甜點。口感鬆軟、入口即化，可以算是慕斯類點心，為了瀝乾水分，必須花一個晚上的時間，但大致上做法還算簡單，只要把材料都混合好，然後放入網子裡就搞定了。

●如果買不到法式山羊乳酪（fromage blanc）怎麼辦？

可以將茅屋乳酪（cottage cheese）以篩網過濾後取代使用。雖然口感上仍有差異，但美味絲毫不減。

不用加入吉利丁也可以嗎？

「只要多花一點時間把水分瀝乾就可以了」

材料（直徑6公分的濾茶器，8個份量）
法式山羊乳酪 200 克
鮮奶油 100 毫升
檸檬汁 1 大匙
蛋白霜
- 蛋白 100 克
- 糖粉 40 克

＊除了依個人喜好準備一些鮮奶油、蜂蜜當作淋醬以外，也可以搭配水果食用。

◆預備動作

・ 備妥過濾的器具。準備8片紗布，鋪在濾茶器上，紗布必須超出濾茶器邊緣約3公分。然後準備8個可以盛住濾茶器的器具，這裡是使用杯子。將紗布弄濕後擰乾，蓋在濾茶器上面（照片**A**）。

・ 如果是使用金屬製的濾茶器，盛住濾茶器的器具不可選用金屬製的，兩者都是金屬製品的話，慕斯會變成黑色。

舀入濾茶器，瀝乾水分

1. 將山羊乳酪倒入鋼盆中，先加入鮮奶油混合，再倒入檸檬汁拌勻（照片**B**）。

2. 參照p.38，將糖粉分5次加入蛋白中，攪打成堅硬的蛋白霜。然後將蛋白霜分2次加入做法**1.**中，以打蛋器攪拌均勻（照片**C**～**D**）。

3. 將拌勻的做法**2.**舀入濾茶器中，表面蓋上保鮮膜，放入冰箱冷藏一個晚上（或者半天），讓水分瀝乾（照片**E**）。如果放一個晚上的話，水分會瀝乾成照片中的狀態（照片**F**）。

完成

4. 將每一個濾茶器取下，拔掉紗布，可隨個人喜好淋上鮮奶油、蜂蜜食用，當然你也可以搭配水果享用。

A

D

B

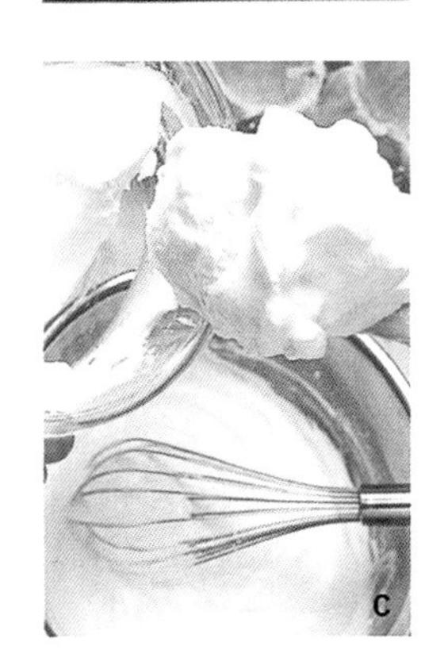
C

F

E

冰涼的起司蛋糕

這是利用隨處都可以買到的奶油起司（cream cheese）做成的冰涼起司蛋糕，而讓它更加美味的秘訣，在於加入了鳳梨末。清爽的酸甜味，更能提升這道點心的美味層次。

在蛋糕底方面，我選擇了味道更合的酥脆奶油酥餅（sablé）取代海綿蛋糕，只要烘烤成符合慕斯框的大小即可。

另外，可隨個人喜好購買奶油起司，不過要特別注意起司種類的標示。以這道點心來說，建議選用「天然起司」為佳。一般商品即使包裝外標明了「奶油起司」，但除了天然起司之外，還有一種加工起司的商品，這種起司就算經過加熱也很難變軟，所以比較不適合用來做這道起司蛋糕。

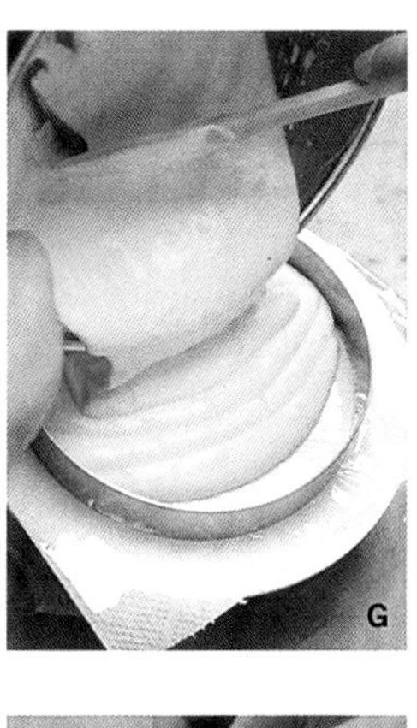

加入融化的吉利丁

1. 將奶油起司以微波爐稍微加熱至軟化，倒入鋼盆中，攪拌成柔滑的乳狀霜（照片 **A**）。

2. 將牛奶加熱至大約人體的溫度，然後一點一點地倒入做法 **1.** 中，攪拌至稍微稀（照片 **B**）。

3. 將蛋黃、砂糖倒入另一個鋼盆，以打蛋器充分攪拌，隔著 80℃的熱水攪拌至黏稠，再加入隔水加熱融化的吉利丁拌勻（照片 **C**）。

加入鳳梨

4. 將做法 **3.** 加入做法 **2.** 中，混合拌勻（照片 **D**），然後加入檸檬汁、鳳梨末和香甜酒（照片 **E**）。然後在鋼盆底下墊一盆冰水，攪打至濃稠狀。

和鮮奶油混合後倒入模型

5. 鮮奶油打發至柔軟，加入濃稠的做法 **4.** 中混合（照片 **F**），然後倒入慕斯框中，放入冰箱冷藏至凝固（照片 **G**）。

組合慕斯和奶油酥餅

6. 將蒸熱的毛巾包捲、圍著慕斯框邊緣，將慕斯脫膜。

7. 杏桃果醬加熱至容易塗抹的軟度，抹在奶油酥餅的表面，然後將奶油酥餅翻面（有抹果醬那面朝下），蓋在做法 **6.** 上面（照片 **H**），再倒扣在底座上，即奶油酥餅在底部。

8. 將鮮奶油、砂糖和香甜酒打發成柔滑的鮮奶油香堤，抹在慕斯表面做霜飾。

材料（直徑 18 公分的慕斯框，1 個份量）

- 奶油起司 120 克
- 吉利丁粉 2 小匙
- 白酒 2 大匙
- 牛奶 2 大匙
- 蛋黃 1 顆份量
- 砂糖 30 克
- 檸檬汁 1 大匙
- 罐頭鳳梨 1 片
- 喜歡的香甜酒 1 大匙
- 鮮奶油 150 毫升

甜塔皮（做法參照 p.14）150 克
杏桃果醬適量
霜飾用鮮奶油香堤
- 鮮奶油 80 毫升
- 砂糖 1 小匙
- 喜歡的香甜酒少許

◆預備動作

・取出前一天先做好的甜塔皮，以慕斯框壓出大小，放入烤箱，以 170～180℃烤約 25 分鐘，即成奶油酥餅。
・奶油起司放在室溫下回軟。
・將吉利丁粉撒入白酒中，泡至膨脹。
・將鳳梨切成細碎。
・準備放慕斯框的底座。底座上面鋪好廚房用紙巾，塑膠袋割開攤平後蓋在紙巾上，放上慕斯框。

如何讓經典起司蛋糕更好吃？

「把鳳梨當作提升美味的秘密武器吧！」

巧克力覆盆子鮮奶油蛋糕

現在讓我們來試試看夾入奶油餡的多層蛋糕吧！這種蛋糕的鮮奶油不能太稀，所以必須加入吉利丁，使鮮奶油狀態更穩定。

接下來我要介紹的，是夾入了巧克力和覆盆子2層鮮奶油的5層蛋糕。製作這種蛋糕時，不論蛋糕體是海綿蛋糕或甜塔皮，都必須利用慕斯框來烘烤。相較於用普通海綿蛋糕模型來烤，用慕斯框的優點是更能符合大小，烤好的海綿蛋糕就不需要再依照慕斯框尺寸切割。

不過，利用慕斯框烘烤和用圓形模型烘烤的狀況不太一樣，有一些地方更需要特別留心。

可以用慕斯框做鮮奶油夾層蛋糕嗎？

「那就試試看用慕斯框製作海綿蛋糕吧！」

用慕斯框製作海綿蛋糕

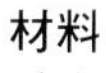

材料
（直徑 18 公分、高 5 公分的慕斯框，1 個份量）

海綿蛋糕（全蛋打發傑諾瓦士）
- 全蛋 2 顆
- 砂糖 60 克
- 水或糖水 2 小匙
- 低筋麵粉 60 克
- 無鹽奶油 30 克

巧克力鮮奶油
- 甜味調溫巧克力（參照 p.95） 50 克
- 吉利丁粉 1/2 小匙
- 白酒 1/2 大匙
- 喜歡的香甜酒 1 大匙
- 鮮奶油 100 毫升
- 砂糖 10 克

覆盆子鮮奶油
- 冷凍覆盆子 60 克
- 砂糖 30 克
- 吉利丁粉 1/2 小匙
- 白酒 1/2 大匙
- 喜歡的香甜酒 1 大匙
- 鮮奶油 100 毫升

霜飾用覆盆子果醬 適量
香甜酒糖水 適量
鮮奶油香堤
- 鮮奶油 100 毫升
- 砂糖 1/2 大匙
- 喜歡的香甜酒 適量

◆預備動作
- 將廚房用紙巾鋪在烤盤上，然後再鋪烤盤紙，放上慕斯框（不需塗抹奶油）。
- 烤箱以 170 ～ 180℃預熱。

以全蛋打發法製作麵糊，烘烤

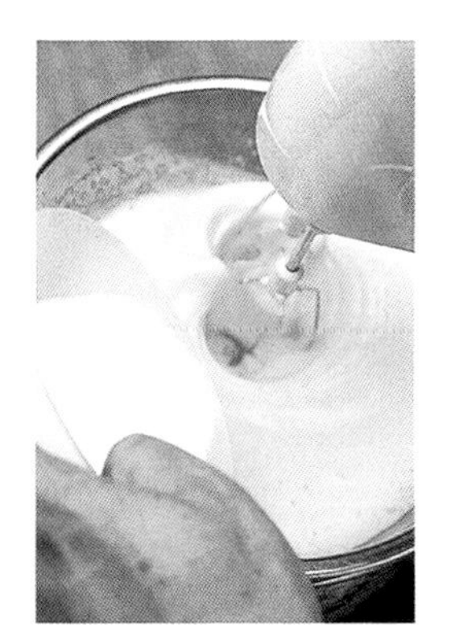

1. 將全蛋倒入鋼盆，輕輕弄破後隔水加熱，用手持電動攪拌器以最高速將全蛋打發。攪拌的過程中將砂糖分 3 次加入，攪拌至蛋糊約 40℃。

2. 將蛋糊從熱水上移開，攪拌到蛋糊降溫冷卻為止。也就是以打蛋器舀起蛋糊，蛋糊的尾端會先停留在打蛋器上一下，不易滴下來。另外，隔水加熱融化奶油後，並持續保溫奶油。

3. 倒入水或糖水，以打蛋器攪拌充分混合，麵粉過篩後分 2 次加入，攪拌到照片中的狀態。

4. 舀 1 大匙溫熱的融化奶油，一匙一匙地撒在麵糊表面，然後混合成麵糊。

5. 將麵糊慢慢倒入慕斯框中，用噴水器在麵糊表面噴上水，放入烤箱，以 170 ～ 180℃烘烤 25 ～ 30 分鐘。蛋糕一出爐，因為怕蛋糕內縮，所以連烤盤從高處往下丟。然後蛋糕不脫膜且連著烤盤紙一起放在網架上放涼。

●為什麼慕斯框不用塗抹奶油？
如果塗抹了奶油的話，經過烘烤後，蛋糕會體積縮小而自然脫膜，體積會變得比慕斯框來得小。所以慕斯框內不要塗抹奶油，讓麵糰可以緊靠著模型烘烤，出爐後連同慕斯框一起放涼，再用刀子脫膜即可。

夾入奶油餡後組合

◆**預備動作**

・分別將巧克力用、覆盆子用的吉利丁粉撒入白酒中，泡至膨脹。
・巧克力切碎。
・將 50 克砂糖倒入 100 毫升的水中煮成糖水，等糖水冷卻後加入香甜酒，做成糖水。

將海綿蛋糕切成片

6. 慕斯框立起，將刀子插入海綿蛋糕和慕斯框間的小縫隙，刀子頂住慕斯框不動，慢慢把慕斯框轉一圈，就能輕鬆將蛋糕脫膜了。操作時小心刀子不要刺到蛋糕。

7. 將海綿蛋糕橫剖成 3 等分。為了讓每一片蛋糕都是相同厚度，可將蛋糕放在切片台上（參照 p.95）比較好切。然後在蛋糕片上刷入香甜酒糖水。

製作巧克力鮮奶油

8. 將巧克力碎放入小鋼盆中，鋼盆底下墊一盆約 50℃的溫熱水，一邊攪拌一邊使巧克力融化。吉利丁隔水加熱融化後加入香甜酒拌匀，然後整個倒入巧克力中混合均勻，放入 50℃的溫熱水上保溫。

＊如果沒有保溫的話，巧克力會自己再次凝固，變得很難和鮮奶油混合拌勻。

9. 將砂糖加入鮮奶油中，打發至柔軟，全部加入做法 **8.** 中拌勻，慢慢倒入做法 **7.** 中，蔓延在整個蛋糕面上，蓋上第二層蛋糕片，壓平整。蛋糕上再刷入香甜酒糖水，放入冰箱冷藏至凝固。

製作覆盆子鮮奶油

10. 將覆盆子和砂糖加入小鍋子中，用煮或是微波爐加熱成果醬狀，然後加入隔水加熱融化了的吉利丁混合，再倒入香甜酒。

11. 鮮奶油打發至柔軟，將做法 **10.** 倒入拌勻，慢慢倒入冰冷的做法 **9.** 中，蓋上第三層蛋糕片，壓平整，刷入香甜酒糖水，放入冰箱冷藏至凝固。

脫膜後霜飾

12. 將熱毛巾包捲、圍著慕斯框邊緣，將蛋糕脫膜，在最上層的蛋糕表面塗抹覆盆子果醬。側面也刷入糖水，然後抹上鮮奶油香堤（砂糖、香甜酒加入鮮奶油中，打發至柔軟），放入冰箱充分冷藏至凝固再食用。

用可麗餅麵糊製作奶油蛋糕、克勞芙蒂

可麗餅（crêpe）、奶油蛋糕（far）、可麗露（canelé）以及克勞芙蒂（clafoutis）……這些點心的外表看起來一點都不像，很容易讓大家誤以為他們是完全不同的東西，但其實他們可是名字不同的兄弟喔！他們的主要材料都是麵粉、蛋、砂糖、牛奶（鮮奶油）和奶油，也都是用黏糊糊的麵糊做成的。製作這種麵糊的重點，在於一定要將麵粉和牛奶等混合拌勻至光滑、無顆粒。絕對不能將粉類加入大量的液體中混合，但即使是少量少量地加入，也還是會有顆粒。所以，必須將麵粉和砂糖加在一起，再加入蛋混合，然後一點一點地倒入牛奶調成麵糊。

接下來要介紹給大家的，是最常見的可麗餅、可麗露風烤奶油蛋糕、櫻桃克勞芙蒂和塔的做法，歡迎大家和我一起來做吧！

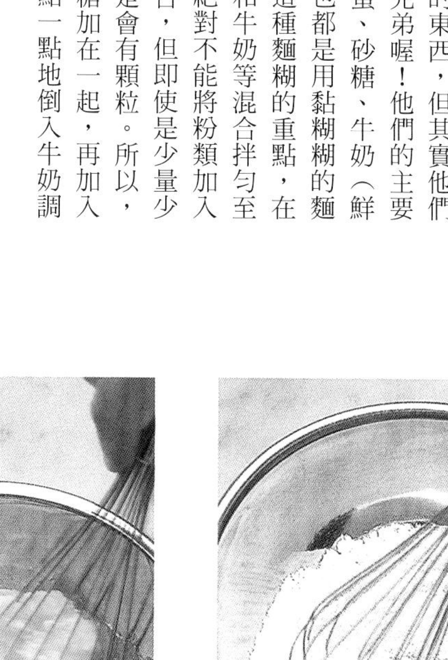

可麗餅

和好的可麗餅麵糊不可以馬上烘烤，必須鬆弛大約半天的時間。麵糊經過鬆弛，可以降低筋性（黏性），製作成光滑均勻的麵糊。

接下來介紹的配方中，我在麵糊裡面加入了些許酵母，讓麵糊在鬆弛的過程中可以稍微發酵，烘烤過後麵糊中的氣孔會變小，讓口感更佳且香氣更濃郁。這個秘訣，是我的恩師宮本敏子獨創研發的。這種麵糊甜度降低，可用在製作料理上。

下圖中是以最常見的可麗餅，搭配剛起鍋的奶油煎蘋果（sautéing）一起食用。

如何製作滑順均勻的麵糊？

「讓麵糊鬆弛半天的時間」

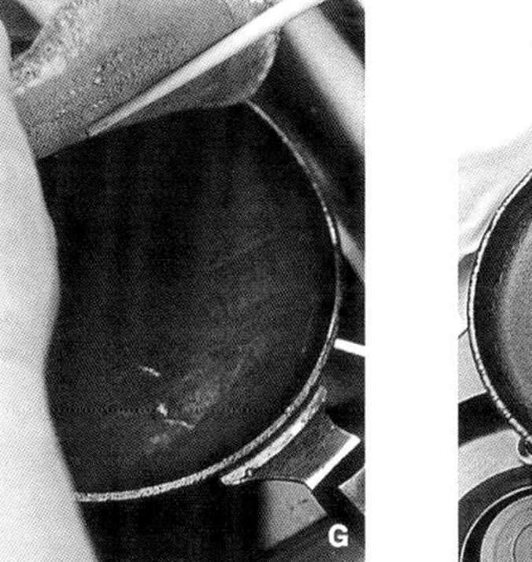

■可麗餅的基本做法

材料（直徑 18 公分，約 12 片份量）
低筋麵粉 100 克
鹽 1/4 小匙
砂糖 1 大匙
全蛋 1 顆
蛋黃 2 顆份量
牛奶約 250 毫升
白蘭地 1 大匙
乾酵母 1 小撮（用 1 小匙的溫水溶解）
無鹽奶油 15 克

製作麵糊，過篩後鬆弛

1. 將過篩的麵粉、鹽和砂糖倒入鋼盆中，以打蛋器攪拌均勻。
2. 牛奶加熱至和人體肌膚的溫度差不多。將鋼盆中的麵類做一個粉牆，中間留一個洞，加入蛋、蛋黃和 1/3 量的牛奶，以打蛋器拌至均勻光滑無顆粒。
3. 將剩下的牛奶分成 2 ～ 3 次倒入，拌成均勻光滑的麵糊，加入白蘭地、溶解的酵母。
4. 麵糊過篩後包上一層保鮮膜，放在陰涼的地方鬆弛半天（一個晚上），夏天的話則放入冰箱冷藏鬆弛。

烘烤可麗餅

5. 準備好小的平底鍋和盛放可麗餅的盤子，並在盤子上包裹毛巾，防止熟了的可麗餅一下就冷掉。
6. 平底鍋放入 15 克奶油加熱融化，倒入鬆弛好的麵糊中拌勻（照片 **A**）。
7. 平底鍋加熱，塗抹一層薄薄的奶油（材料量以外）。（照片 **B**）
8. 一邊轉動平底鍋，一邊舀入麵糊，讓整個鍋面都均勻鋪上一層薄薄的麵糊（照片 **C** ～ **D**）。
9. 煎到邊緣上色且稍微浮起來（照片 **E**）。
10. 拿筷子將靠近自己這一邊的餅皮稍微掀高，用指尖將餅皮夾起翻面（照片 **F** ～ **H**），等翻面後也煎好了就完成了。連平底鍋一起翻面，將餅皮倒扣放在毛巾上（照片 **I**）。
11. 以相同的方法做好第二片可麗餅。在烘烤可麗餅時，鋼盆中剩下的麵糊很容易沉澱，所以每烘烤一片時，要再次拌勻。
＊如果塗抹平底鍋時抹的油太多，麵糊中因發酵產生的小細孔會閉合起來。

■奶油煎蘋果

材料（可麗餅 4 片的份量）
日本紅玉蘋果 1 個
無鹽奶油 20 克
砂糖 40 ～ 50 克
calvados 蘋果白蘭地 1 大匙
鮮奶油 3 大匙

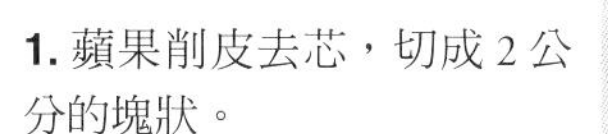

1. 蘋果削皮去芯，切成 2 公分的塊狀。
2. 平底鍋加熱，塗抹一層薄薄的奶油，放入蘋果炒至熟透，加入糖煮溶後倒入白蘭地，將酒精煮揮發。
3. 加入鮮奶油混合後熄火，趁熱搭配可麗餅食用。

●可麗餅的起源

可麗餅的起源，是法國布列塔尼（Brittany）地區因土地貧瘠，無法生產小麥，而以蕎麥製作而成的食物。以珍貴的小麥製成的可麗餅皮因帶有甜味，大多當作點心食用，以蕎麥做的可麗餅皮，則當作料理。現今布列塔尼地區和法國的可麗餅店，仍遵循前例，以小麥製作甜點用，蕎麥製作料理用可麗餅皮。

可麗露風味奶油蛋糕

奶油蛋糕（far）是布列塔尼地區最傳統的點心，是加入了梅乾烤好的蛋糕。另外，可麗露（canelé）是法國波爾多（Bordeaux）地方的有名點心，它是利用特殊的厚銅模型，以高溫將外層烤至酥脆，而內部則柔軟，可以說口感相當特別。奶油蛋糕和可麗露的麵糊配方差不多，所以我將奶油蛋糕麵糊倒入塗抹了奶油和砂糖的小模型中，烘烤成可麗露風味的奶油蛋糕。這樣的話，即使沒有可麗露模型，也能充分享受製作的樂趣。當然，我依照傳統的配方，將梅乾放入其中烘烤。

材料

（直徑 6.5 公分的塔模，14 個份量）
低筋麵粉 60 克
砂糖 60 克
全蛋 1 顆
蛋黃 1 顆份量
牛奶 150 毫升
香草莢 1/3 根
鮮奶油 150 毫升
蘭姆酒 1 大匙
梅乾 14 粒
無鹽奶油 30 克

◆預備動作

- 如果梅乾太硬的話，可放入熱水中泡軟。
- 在模型內塗抹厚厚的奶油（材料量以外），再撒入砂糖（材料量以外）（照片 A）。
- 烤箱以 200℃預熱。

製作奶油蛋糕麵糊

1. 將過篩的麵粉、砂糖倒入鋼盆中，以打蛋器充分拌勻。
2. 牛奶倒入鍋中，香草莢剖開，刮出裡面的香草籽，連同香草莢一起放入加熱。將麵粉倒入工作台上，做一個粉牆，中間留一個洞，加入蛋、蛋黃和 1/3 量的牛奶，以打蛋器拌至均勻光滑無顆粒。
3. 加入剩下的牛奶和鮮奶油，拌成均勻光滑的麵糊，加入蘭姆酒拌勻。
4. 將做法 **3.** 的麵糊過篩。

烘烤

5. 麵糊倒入模型，放入梅乾並稍微用手指壓入麵糊中，每一個模型分別放入切碎的奶油（照片 **B**～**C**）。
6. 放入烤箱，以 200℃烤，烤至外層酥脆，大約需 30～35 分鐘（照片 **D**），趁熱脫膜。

A

C

B

D

好想做可麗露呀！可是沒有專用模型怎麼辦？

「沒有可麗露模型也可以做喔！」

●為什麼要在模型內抹奶油和撒砂糖？

在傳統的可麗露做法中，有標明模型中塗抹蜜蠟（蜂臘），這是因為可使成品口感外層酥脆。不過即使沒有蜜蠟，也可以使用奶油，但必須多塗抹一點。撒入砂糖的話。可以增添焦糖的香氣。

利用克勞芙蒂的麵糊製作

櫻桃克勞芙蒂和櫻桃塔

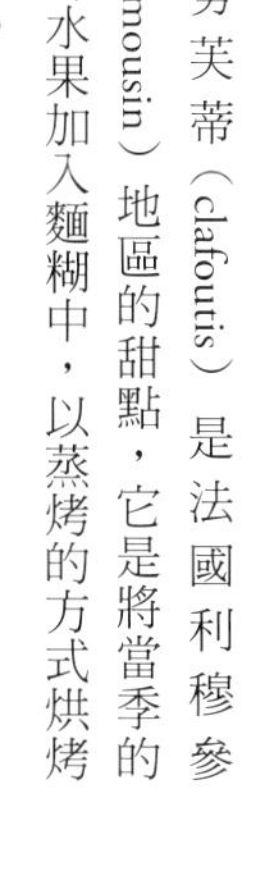

克勞芙蒂（clafoutis）是法國利穆參（Limousin）地區的甜點，它是將當季的新鮮水果加入麵糊中，以蒸烤的方式烘烤而成。

其中最具代表性的克勞芙蒂，就屬將櫻桃排入焗烤器皿中再烤的櫻桃克勞芙蒂了。我在這道點心的配方中用的是香味濃厚的美國櫻桃，克勞芙蒂的麵糊也可以當作塔的阿帕雷餡（appareil）喔！我另外介紹了櫻桃塔的做法，塔的麵糰味道較濃。

■櫻桃塔

材料

（直徑 20 公分塔模，1 個份量）

甜塔皮（參照 p.14）約 200 克

美國櫻桃 300 克

櫻桃果醬（也可以用杏桃果醬）約 60 克

- 砂糖 60 克
- 低筋麵粉 15 克
- 全蛋 1 顆
- 牛奶 60 毫升
- 香草莢 1/3 根
- 鮮奶油 60 毫升
- 櫻桃白蘭地 1 大匙

◆預備動作

・ 櫻桃的準備方式和「櫻桃克勞芙蒂」相同。

・ 烤箱以 170 ～ 180℃預熱。

1. 將甜塔皮擀成 0.4 公分厚，鋪入底部已塗抹奶油（材料量以外）的塔模中，放入烤箱，以 170 ～ 180℃烤約 20 分鐘，烤至稍微上色。

2. 在做法 **1.** 的底部塗抹櫻桃果醬，然後排入櫻桃。

3. 參照右邊製作克勞芙蒂麵糊，一次全部倒入做法 **2.** 中（上方照片）。

4. 放入烤箱，以 170 ～ 180℃烤約 30 分鐘，烤到中間膨脹，表面上色。

■櫻桃克勞芙蒂

材料（22×15 公分的橢圓形耐熱容器，1 個份量）

美國櫻桃 300 克

- 砂糖 50 克
- 低筋麵粉 30 克
- 全蛋 1 顆
- 牛奶 100 毫升
- 香草莢 1/3 根
- 鮮奶油 100 毫升
- 櫻桃白蘭地（kirsch）1 大匙

◆預備動作

・ 櫻桃洗淨後擦乾水分，拔掉櫻桃梗。連櫻桃籽一起去烤會比較香，所以保留籽。

・ 烤箱以 200℃預熱。

製作克勞芙蒂麵糊

1. 將砂糖和麵粉倒入鋼盆中，以打蛋器充分攪拌。

2. 將牛奶倒入小鍋子中，香草莢剖開，刮出裡面的香草籽，連同香草莢一起放入煮沸騰，加入鮮奶油讓溫度下降。

3. 將做法 **1.** 做一個粉牆，中間留一個洞，加入蛋攪拌均勻，分 2 ～ 3 次倒入取出香草莢的做法 **2.** 的牛奶，拌至均勻光滑無顆粒，倒入櫻桃白蘭地拌成麵糊，過篩。

A

B

麵糊分 2 次倒入

4. 在耐熱容器內塗抹奶油（材料量以外），排入櫻桃，先倒入 1/2 量的麵糊（照片 **A**）。

5. 將容器放在烤盤上，從烤盤的邊緣倒入約烤盤 1 公分高的熱水，放入烤箱，以 200℃隔水加熱蒸烤。

6. 烘烤過程中發現櫻桃固定不動，倒入剩下的麵糊繼續烤（照片 **B**），烤到中間膨脹，表面上色，約 30 分鐘。

瞭解這些小常識，讓你操作時更順利！

材料

●麵粉
使用一般市面販售的低筋麵粉就可以了。但若真的要從筋性、口味等細項來選擇，從奶油酥餅到海綿蛋糕麵粉就有很多種類。不過，記得撒入模型的麵粉必須用高筋麵粉，麵粉在秤量前得先過篩。

●砂糖
如果食譜中沒有特別註明要用哪一種糖，那麼特細砂糖或細砂糖都可以用。我個人覺得細砂糖的味道沒有特細砂糖來得明顯，所以偏好用特細砂糖。

●奶油
從甜點的口感、風味來看，與其選擇瑪琪琳，奶油無疑才是最佳的選擇。本書中使用的是無鹽奶油。

●雞蛋
本書中使用的蛋，是每顆含殼重65克、L尺寸的蛋。1顆蛋白的份量，則以35克來計算。

●鮮奶油
本書沒有使用植物性鮮奶油，建議選擇種類標示上有標明「cream」，乳脂肪約45%，或者35%的鮮奶油。鮮奶油是只要稍微搖晃到外盒，就會變成像打發狀態，所以買了之後帶回家途中要特別小心，並且存放在冰箱裡。
打發鮮奶油時，在鮮奶油鋼盆底再墊一盆冰水（全部鮮奶油都要碰觸到冰水溫度），有利於打發，或者可以將鮮奶油倒入從冷凍庫或冷藏室中充分冰涼的耐熱容器，那就不需要墊一盆冰水了。此外，乳脂肪35%的鮮奶油比較難打發，不妨用手持電動攪拌器操作較省力，但要注意一點，如果是用大鋼盆的話，鮮奶油容易四處飛濺，所以選小一點的鋼盆比較好。

烤箱

●預熱烤箱的最佳時機
要估計當麵糊完成，放入烤箱時要正好達到需要的溫度的時間，也就是說，準備和製作過程所需的時間，必須和預熱達到溫度的時間相互配合才行。

●烘烤的溫度和時間
這本食譜裡面所標示的溫度和烘烤時間，只是一個大概的基準。建議大家以此為基礎，一邊實際烘烤一邊斟酌時間。
烤箱依據不同機種，火力的方向也不相同，一定要實際上操作幾次，從中觀察瞭解自家烤箱的特性。建議試著在烤盤上排滿奶油酥餅麵糰，實際烘烤，就能知道哪個位置的麵糰烤得速度較快。當下一次再烤時，為了避免烘烤不均，烤到一半時可將烤盤換個方向烤。如果是下火太強的話，可以重疊2張烤盤來烤。此外，為了方便做調整溫度的測試，最好多購買一個烤盤。

●準備烤盤
如果是琺瑯烤盤的話，必須鋪烤盤紙；但若是像本書中使用的是氟素樹脂加工的烤盤，直接使用就可以了。不過，按照烘烤的點心種類，有一些點心即使是用氟素樹脂加工的烤盤，也要鋪烤盤紙，這在食譜中會特別標示。另外，如果烤盤已經被刮傷或者太髒，也要鋪烤盤紙再使用。

工具

●打蛋器
盡量選拿起來順手、容易握且適合自己手掌大小的打蛋器，握柄太粗的會很難握緊，最好避免購買。市售的打發用打蛋器，不鏽鋼線較多條，或者不鏽鋼線較密集（細密），其實反而不利於混合拌勻粉類，我比較不推薦。
盡可能選購彈性佳、長度約 30 公分，以及 24 公分長、握柄堅固的 2 支打蛋器。長的不僅可以打發蛋，用途很廣，短的可以用來煮鮮奶油。

●盆子
要備妥不同尺寸的不鏽鋼製淺鋼盆。不鏽鋼鋼盆可以直接和火接觸加熱，也可以用在隔水加熱、墊冰水冷卻，是很實用的器具。不過，品質不佳的鋼盆若出現刮傷、金屬剝落的話非常危險，建議選購品質佳的鋼盆。
此外，也可以一併準備微波爐加熱的耐熱玻璃容器，很方便喔！每次我想用微波爐軟化奶油時，多會使用小型的深耐熱玻璃容器。

●篩網
為了方便將粉類篩入鋼盆中，要購買比鋼盆小的篩網，有可以使用網目較細小的萬能過篩器。

●電動攪拌器
一支優質的家庭用電動攪拌器，可以讓你在打發時更省力、省時。盡量選擇馬力較強的機型，我在這本書中所使用的是 220W 的機器。

●蛋糕切片台
如果家裡準備一個蛋糕切片台，那以後要將海綿蛋糕片成一樣的厚度就易如反掌了。自己裁製時，準備大約 24×30 公分的合板，在左右兩側的部分，黏上所需厚度的角材，然後像 p.85 的做法 **7.** 那樣，將刀子貼緊角材橫剖蛋糕。可以備妥角材厚度分別是 1 公分、1.5 公分和 2 公分的切片台。

●香草莢
該如何使用可以增添香氣的香草莢呢？香草莢剖開，刮出裡面的香草籽使用。剩下的香草莢本身也有香氣，可以一起放入。沒有香草莢的話，也可以用優質香草精取代。

●巧克力
在本書的配方中，大多使用可可脂含量較高的甜味調溫巧克力（couverture sweet chocolate），如果買不到的話，可以用一般製菓用的甜味巧克力。

●香甜酒、洋酒
食譜中如果沒有特別指定哪一種酒的話，可隨自己的喜好加入。像君度橙酒（cointreau，也叫康圖酒）、香橙酒（grand marnier）、櫻桃白蘭地（kirsch）、白蘭地、蘭姆酒等都可以利用。

材料哪裡買？

想要自己做蛋糕、甜點，那你一定要先準備好材料和工具，以下這些材料或烘焙行，可以幫助你買到適合的工具和材料。為了避免撲空，出門採購前別忘了去電詢問營業時間喔！

店名	地址	電話	主要販售產品
【基隆市】			
嘉美行	基隆市豐稔街130號B1	（02）2462-1963	烘焙原料、工具
全愛烘焙食品行	基隆市信二路158號	（02）2428-9846	烘焙原料、工具
証大食品原料行	基隆市七堵區明德一路247號	（02）2456-6318	器具、機具、原料
楊春梅食品行	基隆市成功二路191號	（02）2429-2434	烘焙原料、工具
【台北市】			
巧思廚藝教室	台北市忠孝東路四段48號8樓	（02）8773-4343	烘焙原料、工具
松美烘焙材料屋	台北市忠孝東路五段790巷62弄9號	（02）2727-2063	烘焙原料、工具
日光烘焙材料專門店	台北市莊敬路341巷19號	（02）8780-2469	烘焙原料、工具
飛訊烘焙材料總匯	台北市承德路四段277巷83號	（02）2883-0000	烘焙原料、工具
康國際食品有限公司	台北市天母北路87巷1號	（02）2872-1708	烘焙原料、工具
名家烘焙材料行	台北市西藏路320號2樓	（02）2302-1350	烘焙器具、材料
大億食品材料行	台北市大南路434號	（02）2883-8158	烘焙原料、工具
洪春梅西點器具店	台北市民生西路389號	（02）2553-3859	烘焙原料、工具
燈燦食品有限公司	台北市民樂街125號1樓	（02）2557-8104	烘焙原料、工具
白鐵號	台北市民生東路二段116號	（02）2551-3731	烘焙原料、工具
果生堂	台北市龍江路429巷8號	（02）2502-1619	烘焙原料、工具
HANDS台隆手創館	台北市復興南路一段39號6樓	（02）8772-1116	烘焙原料、工具
台北微風廣場超市	台北市復興南路一段39號B2	（02）8772-1234	新鮮起司、莓果
皇后烘焙屋	台北市文林路732號	（02）2835-5511	烘焙原料、工具
福利麵包	台北市中山北路三段23-5號	（02）2594-6923	烘焙原料
	台北市仁愛路四段26號	（02）2702-1175	烘焙原料
向日葵烘焙材料	台北市敦化南路一段160巷16號	（02）8771-5775	烘焙原料、工具
義興西點原料行	台北市富錦街578號	（02）2760-8115	烘焙原料、工具
崧食品有限公司	台北市延壽街402巷2弄13號	（02）2769-7251	西餐、西點原料
得宏器具原料專賣店	台北市研究院路一段96號	（02）2783-4843	烘焙原料、工具
岱里食品事業有限公司	台北市虎林街164巷5號1樓	（02）2725-5820	烘焙原料
頂騏烘焙材料專賣店	台北市莊敬路340號	（02）8780-3469	烘焙原料、工具
明瑄烘焙DIY	台北市港墘路36號	（02）8751-9662	烘焙材料、工具
台北101Jason's Market	台北市市府路45號B1	（02）8101-8701	新鮮起司、莓果
【新北市】			
旺達食品有限公司	新北市板橋區信義路165號1樓	（02）2962-0114	烘焙原料、工具
超群食品行	新北市板橋區長江路3段112號	（02）2254-6556	烘焙原料、工具
聖寶食品商行	新北市板橋區觀光街5號	（02）2963-3112	烘焙原料、工具
小陳西點烘焙原料行	新北市縣汐止區中正路197號	（02）2647-8153	烘焙原料、工具
萊城企業有限公司	新北市縣汐止區中興路183巷25號	（02）2694-9292	烘焙原料、工具
艾佳食品原料專賣店	新北市中和區宜安路118巷14號	（02）8660-8895	烘焙原料、工具
全家烘焙DIY材料行	新北市中和區景安路90號	（02）2245-0396	烘焙原料、工具
佳佳食品行	新北市新店區三民路88號1樓	（02）2918-6456	烘焙原料、工具
崑龍食品有限公司	新北市三重區永福街242號	（02）2287-6020	烘焙原料、工具
合名有限公司	新北市三重區重新路四段244巷32號	（02）2977-2578	烘焙原料、工具
煌城烘焙器具原料行	新北市三重區力行路二段79號	（02）8287-2586	烘焙原料、工具
典祐商行	新北市三重區重新路四段244巷32號	（02）2977-2578	烘焙原料
麗莎	新北市新莊區四維路152巷5號1樓	（02）8201-8458	烘焙原料、工具

馥品屋食品有限公司	新北市樹林區大安路175號1樓	(02) 2686-2258	烘焙原料、工具
嘉美烘焙食品DIY	新北市土城區峰廷街41號	(02) 8260-2888	烘焙原料、工具
今今食品行	新北市五股區四維路142巷14弄8號	(02) 2981-7755	焙原料、工具
勤居食品行	新北市三峽區民生街29號	(02) 2674-8188	烘焙原料、工具
永城食品原料行	新北市鶯歌區文昌街14號	(02) 2679-8023	烘焙原料、工具

【桃園、新竹、苗栗】			
全國食材廣場	桃園市大有路85號	(03) 333-9985	烘焙原料、工具、南北貨、餐具
好萊塢食品原料行	桃園市民生路475號1樓	(03) 333-1879	烘焙原料、工具
做點心過生活原料行	桃園市復興路345號	(03) 335-3963	烘焙原料、工具
艾佳食品行	桃園縣中壢市黃興街111號1樓	(03) 468-4557	烘焙原料、工具
家佳福食品行	桃園縣平鎮市環南路66巷18弄25號	(03) 492-4558	烘焙原料、工具
新馥烘焙原料器具	新竹市西門街289號1樓	(03) 526-6960	烘焙原料、工具
永鑫食品原料行	新竹市中華路一段193號	(035) 320-786	工具
新勝食品原料行	新竹市中山路640巷102號	(035) 388-628	烘焙原料、工具
萬和行	新竹市東門街118號	(035) 223-365	模具
苗林行股份有限公司	苗栗市復興路一段488-1號	(037) 321-131	進口麵粉

【台中、彰化、南投】			
中信食品原料行	台中市復興路三段109-4號	(04) 2220-2917	烘焙原料、工具
永誠行	台中市民生路147號	(04) 2224-9876	烘焙原料、工具
玉記香料行	台中市向上北路170號	(04) 2301-7576	烘焙原料、工具
利生食品有限公司	台中市西屯路二段28-3號	(04) 2312-4339	烘焙原料、工具
辰豐烘焙食品有限公司	台中市中清路151-25號	(04) 2425-9869	烘焙原料、工具
豐榮食品原料行	台中市豐原區三豐路317號	(04) 2522-7535	烘焙原料、工具
永誠行	彰化市三福街195號	(04) 724-3927	烘焙原料、工具
順興食品原料行	南投縣草屯鎮中正路586號-5	(049) 233-3455	烘焙原料、工具

【雲林、嘉義】			
彩豐食品原料行	雲林縣斗六市西平路137號	(05) 534-2450	烘焙原料、工具
新瑞益食品原料行	雲林縣斗南鎮七賢街128號	(05) 596-4025	烘焙原料、工具
福美珍食品原料行	嘉義市西榮街135號	(05) 222-4824	烘焙原料、工具
新瑞益食品原料行	嘉義市新民路11號	(05) 286-9545	烘焙原料、工具

【台南、高雄】			
瑞益食品有限公司	台南市民族路二段303號	(06) 222-4417	烘焙原料、工具
永昌食品原料行	台南市長榮路一段115號	(06) 237-7115	烘焙原料、工具
上品烘焙	台南市永華一街159號	(06) 299-0728	烘焙原料、工具
正大行	高雄市新興區五福二路156號	(07) 261-9852	器具、機具
十代有限公司	高雄市懷安街30號	(07) 381-3275	烘焙原料
旺來昌食品原料行	高雄市前鎮區公正路181號	(07) 713-5345	烘焙原料、工具
永瑞益食品行	高雄市鹽埕區瀨南街193號	(07) 551-6891	烘焙原料、工具
茂盛食品行	高雄市岡山區前鋒路29-2號	(07) 625-9316	烘焙原料、工具
裕軒食品原料行	屏東縣潮州鎮太平路473號	(08) 788-7835	烘焙原料、工具

【東部、離島】			
欣新烘焙食品行	宜蘭市進士路85號	(039) 363-114	烘焙原料、工具
萬客來食品原料行	花蓮市和平路440號	(038) 362-628	烘焙原料、工具
麥食品行	花蓮縣吉安鄉自強路369號	(038) 578-866	烘焙原料、工具
玉記香料行	台東市漢陽北路30號	(089) 326-505	烘焙原料

台北市基隆路二段13-1號3樓

COOK50085　自己種菜最好吃——100種吃法輕鬆烹調＆15項蔬果快速收成／陳富順著 定價280元
COOK50086　100道簡單麵點馬上吃——利用不發酵麵糰和水調麵糊做麵食／江豔鳳著 定價280元
COOK50087　10×10＝100——怎樣都是最受歡迎的菜／蔡全成著 特價199元
COOK50088　喝對蔬果汁不生病——每天1杯，嚴選200道好喝的維他命／楊馥美編著 定價280元
COOK50089　一個人快煮——超神速做菜Book／張孜寧編著 定價199元
COOK50090　新手烘焙珍藏版——500張超詳細圖解零失敗＋150種材料器具全介紹／吳美珠著 定價350元
COOK50091　人人都會做的電子鍋料理100——煎、煮、炒、烤，料理、點心一個按鍵統統搞定！／江豔鳳著 特價199元
COOK50092　餅乾．果凍布丁．巧克力——西點新手的不失敗配方／吳美珠著 定價280元
COOK50093　網拍美食創業寶典——教你做網友最愛的下標的主食、小菜、甜點和醬料／洪嘉妤著　定價280元
COOK50094　這樣吃最省——省錢省時省能源做好菜／江豔鳳著 特價199元
COOK50095　這些大廚教我做的菜——理論廚師的實驗廚房／黃舒萱著 定價360元
COOK50096　跟著名廚從零開始學料理——專為新手量身定做的烹飪小百科／蔡全成著 定價299元
COOK50097　抗流感．免疫力蔬果汁——一天一杯，輕鬆改善體質、抵抗疾病／郭月英著 定價280元
COOK50098　我的第一本調酒書——從最受歡迎到最經典的雞尾酒，家裡就是Lounge Bar／李佳紋著　定價280元
COOK50099　不失敗西點教室經典珍藏版——600張圖解照片+近200個成功秘訣，做點心絕對沒問題／王安琪著 定價320元
COOK50100　五星級名廚到我家——湯、開胃菜、沙拉、麵食、燉飯、主菜和甜點的料理密技／陶禮君著　定價320元
COOK50101　燉補110鍋——改造體質，提升免疫力／郭月英著 定價300元
COOK50104　萬能小烤箱料理——蒸、煮、炒、煎、烤，什麼都能做！／江豔鳳・王安琪著 定價280元
COOK50105　一定要學會的沙拉和醬汁118——55道沙拉 ×63道醬汁（中英對照）／金一鳴著 定價300元
COOK50106　新手做義大利麵、焗烤——最簡單、百變的義式料理／洪嘉妤著 定價280元
COOK50107　法式烘焙時尚甜點——經典VS.主廚的獨家更好吃配方／郭建昌著 定價350元
COOK50108　咖啡館style三明治——13家韓國超人氣咖啡館+45種熱銷三明治+30種三明治基本款／熊津編輯部著 定價350元
COOK50109　最想學會的外國菜——全世界美食一次學透透（中英對照）／洪白陽著 定價350元
COOK50110　Carol不藏私料理廚房——新手也能變大廚的90堂必修課／胡涓涓著 定價360元
COOK50111　來塊餅【加餅不加價】——發麵燙麵異國點心／趙柏淯著 定價300元
COOK50112　第一次做中式麵點——中點新手的不失敗配方／吳美珠著 定價280元
COOK50113　0～6歲嬰幼兒營養副食品和主食——130道食譜和150個育兒手札、貼心叮嚀／王安琪著　定價360元
COOK50114　初學者的法式時尚甜點經典VS.主廚的更好吃配方和點心裝飾／郭建昌著 定價350元
COOK50115　第一次做蛋糕和麵包——最詳盡的1,000個步驟圖，讓新手一定成功的130道手作點心／李亮知著 定價360元
COOK50116　咖啡館style早午餐：10家韓國超人氣咖啡館+57份人氣餐點／LEESCOM編輯部著 定價350元
COOK50117　一個人好好吃——每一天都能盡情享受！的料理／蓋雅Magus著／定價280元
COOK50118　世界素料理101（奶蛋素版）——小菜、輕食、焗烤、西餐、湯品和甜點／王安琪、洪嘉妤著 定價300元
COOK50119　最想學會的家常菜——從小菜到主食一次學透透（中英對照）／洪白陽（CC老師）著 定價350元
COOK50120　手感饅頭包子——口味多、餡料豐，意想不到的黃金配方／趙柏淯著 定價350元
COOK50121　異國風馬鈴薯、地瓜、南瓜料理——主廚精選＋樂活輕食＋最受歡迎餐廳菜／安世耕著 定價350元
COOK50122　今天不吃肉——我的快樂蔬食日〈樂活升級版〉／王申長Ellson著 定價280元
COOK50123　STEW異國風燉菜燉飯——跟著味蕾環遊世界家裡燉／金一鳴著 定價320元
COOK50124　小學生都會做的菜——蛋糕、麵包、沙拉、甜點、派對點心／宋惠仙著 定價280元
COOK50125　2歲起小朋友最愛的蛋糕、麵包和餅乾——營養食材＋親手製作＝愛心滿滿的媽咪食譜／王安琪著　定價320元
COOK50126　蛋糕，基礎的基礎——80個常見疑問、7種實用麵糰和6種美味霜飾／相原一吉著　定價299元
COOK50127　西點，基礎的基礎——60個零失敗訣竅、9種實用麵糰、12種萬用醬料、43款經典配方／相原一吉著　定價299元

朱雀文化　朱雀文化和你快樂品味生活

Cook50 系列

COOK50001　做西點最簡單／賴淑萍著 定價280元
COOK50002　西點麵包烘焙教室——乙丙級烘焙食品技術士考照專書／陳鴻霆、吳美珠著 定價480元
COOK50005　烤箱點心百分百／梁淑嫈著 定價320元
COOK50007　愛戀香料菜——教你認識香料、用香料做菜／李櫻瑛著 定價280元
COOK50009　今天吃什麼——家常美食100道／梁淑嫈著 定價280元
COOK50010　好做又好吃的手工麵包——最受歡迎麵包大集合／陳智達著 定價320元
COOK50012　心凍小品百分百——果凍· 布丁（中英對照）／梁淑嫈著 定價280元
COOK50015　花枝家族——透抽、軟翅、魷魚、花枝、章魚、小卷大集合／邱筑婷著 定價280元
COOK50017　下飯ㄟ菜——讓你胃口大開的60道料理／邱筑婷著 定價280元
COOK50019　3分鐘減脂美容茶——65種調理養生良方／楊錦華著 定價280元
COOK50024　3分鐘美白塑身茶——65種優質調養良方／楊錦華著 定價280元
COOK50025　下酒ㄟ菜——60道好口味小菜／蔡萬利著 定價280元
COOK50028　絞肉の料理——玩出55道絞肉好風味／林美慧著 定價280元
COOK50029　電鍋菜最簡單——50道好吃又養生的電鍋佳餚／梁淑嫈著 定價280元
COOK50035　自然吃· 健康補——60道省錢全家補菜單／林美慧著 定價280元
COOK50036　有機飲食的第一本書——70道新世紀保健食譜／陳秋香著 定價280元
COOK50037　靚補——60道美白瘦身、調經豐胸食譜／李家雄、郭月英著 定價280元
COOK50040　義大利麵食精華——從專業到家常的全方位祕笈／黎俞君著 定價300元
COOK50041　小朋友最愛喝的冰品飲料／梁淑嫈著 定價260元
COOK50043　釀一瓶自己的酒——氣泡酒、水果酒、乾果酒／錢薇著 定價320元
COOK50044　燉補大全——超人氣· 最經典，吃補不求人／李阿樹著 定價280元
COOK50046　一條魚——1魚3吃72變／林美慧著 定價280元
COOK50047　蒟蒻纖瘦健康吃——高纖· 低卡· 最好做／齊美玲著 定價280元
COOK50049　訂做情人便當——愛情御便當的50X70種創意／林美慧著 定價280元
COOK50050　咖哩魔法書——日式・東南亞・印度・歐風＆美食・中式60選／徐招勝著 定價300元
COOK50051　人氣咖啡館簡餐精選——80道咖啡館必學料理／洪嘉妤著 定價280元
COOK50052　不敗的基礎日本料理——我的和風廚房／蔡全成 定價300元
COOK50053　吃不胖甜點——減糖・低脂・真輕盈／金一鳴著 定價280元
COOK50054　在家釀啤酒Brewers' Handbook——啤酒DIY和啤酒做菜／錢薇著 定價320元
COOK50055　一定要學會的100道菜——餐廳招牌菜在家自己做／蔡全成、李建錡著 特價199元
COOK50059　低卡也能飽——怎麼也吃不胖的飯、麵、小菜和點心／傅心梅審訂　蔡全成著　定價280元
COOK50061　小朋友最愛吃的點心——5分鐘簡單廚房，好做又好吃！／林美慧著 定價280元
COOK50062　吐司、披薩變變變——超簡單的創意點心大集合／夢幻料理長Ellson＆新手媽咪Grace著　定價280元
COOK50063　男人最愛的101道菜——超人氣夜市小吃在家自己做／蔡全成、李建錡著 特價199元
COOK50065　懶人也會做麵包——一下子就OK的超簡單點心！／梁淑嫈著 定價280元
COOK50066　愛吃重口味100——酸香嗆辣鹹，讚！／趙柏淯著 定價280元
COOK50067　咖啡新手的第一本書——從8～88歲，看圖就會煮咖啡／許逸淳著 特價199元
COOK50069　好想吃起司蛋糕——用市售起司做點心／金一鳴著 定價280元
COOK50073　蛋糕名師的私藏祕方——慕斯&餅乾&塔派&蛋糕&巧克力&糖果／蔡捷中著 定價350元
COOK50074　不用模型做點心——超省錢、零失敗甜點入門／盧美玲著 定價280元
COOK50075　一定要學會的100碗麵——店家招牌麵在家自己做／蔡全成、羅惠琴著 特價199元
COOK50078　趙柏淯的招牌飯料理——炒飯、炊飯、異國飯、燴飯＆粥／趙柏淯著 定價280元
COOK50079　意想不到的電鍋菜100——蒸、煮、炒、烤、滷、燉一鍋搞定／江豔鳳著特價199元
COOK50080　趙柏淯的私房麵料理——炒麵、涼麵、湯麵、異國麵＆餅／趙柏淯著 定價280元
COOK50083　一個人輕鬆補——3步驟搞定料理、靚湯、茶飲和甜點／蔡全成、鄭亞慧著 特價199元
COOK50084　烤箱新手的第一本書——飯、麵、菜與湯品統統搞定（中英對照）／王安琪著 定價280元

Cook50127

西點，基礎的基礎

60個零失敗訣竅、9種實用麵糰、12種萬用醬料、43款經典配方

作者 相原一吉
翻譯 陳文敏
美術 鄭雅惠
編輯 彭文怡
校對 連玉瑩、郭靜澄
企畫統籌 李橘
行銷企畫 呂瑞芸
總編輯 莫少閒
出版者 朱雀文化事業有限公司
地址 台北市基隆路二段13-1號3樓
電話 02-2345-3868
傳真 02-2345-3828
劃撥帳 19234566 朱雀文化事業有限公司
e-mail redbook@ms26.hinet.net
網址 http://redbook.com.tw
總經銷 成陽出版股份有限公司
ISBN 978-986-6029-24-0
初版二刷 2013.11

定價 299元
出版登記 北市業字第1403號

國家圖書館出版品預行編目

西點，基礎的基礎：60個零失敗訣竅、9種實用麵糰、12種萬用醬料、43款經典配方 /
相原一吉著；陳文敏譯. -- 初版.
-- 臺北市：朱雀文化，2012.07
面； 公分. -- (Cook50；127)
譯自：もっと知りたいお菓子作りのなぜ？がわかる本
ISBN 978-986-6029-24-0（平裝）
1. 點心食譜 427.16

日文原書製作

美術指導 木村裕治
設計 川崎洋子（木村設計事務所）
攝影 今清水隆宏
造型 白木なおこ
企畫・編輯 大森真理
發行者 大沼淳